“十二五”职业教育国家规划教材配套教材
教育部高等职业教育示范专业规划教材
机械工业出版社精品教材
（机械制造与自动化专业）

机械设计基础课程设计

第2版

主　编　李海萍　姚云英
参　编　孙永华　庄亚红

机 械 工 业 出 版 社

本书以圆柱齿轮减速器的设计为主要内容，介绍了圆柱齿轮减速器设计的全过程，详细介绍了设计的基本思路，并结合具体结构设计，解析设计中常出现的问题。本书贯彻执行最新的国家标准和设计规范，为了减少篇幅，标准和图例的选用以本课程设计为主，参考图、设计题目以及设计答辩题均考虑了高职高专学生的特点，力求简明、实用。

全书共16章，第1~8章为课程设计指导，第9~15章为常用标准和设计规范及参考图例，第16章为设计任务书格式及设计题目。

本书为高职高专机械设计基础课程的配套教材，是根据高职高专的特点编写的，供高职高专机械类与近机械类专业课程设计使用。

图书在版编目（CIP）数据

机械设计基础课程设计/李海萍，姚云英主编. —2版. —北京：机械工业出版社，2015.2（2025.8重印）
“十二五”职业教育国家规划教材配套教材　机械工业出版社精品教材. 机械制造与自动化专业
ISBN 978-7-111-49561-1

Ⅰ. ①机…　Ⅱ. ①李…②姚…　Ⅲ. ①机械设计-课程设计-高等职业教育-教材　Ⅳ. ①TH122-41

中国版本图书馆CIP数据核字（2015）第046386号

机械工业出版社（北京市百万庄大街22号　邮政编码100037）
策划编辑：王海峰　责任编辑：王海峰　王英杰
版式设计：霍永明　责任校对：胡艳萍
封面设计：陈　沛　责任印制：单爱军
北京盛通数码印刷有限公司印刷
2025年8月第2版·第12次印刷
184mm×260mm·8.25印张·197千字
标准书号：ISBN 978-7-111-49561-1
定价：28.00元

电话服务　　网络服务
客服电话：010-88361066　　机　工　官　网：www.cmpbook.com
010-88379833　　机　工　官　博：weibo.com/cmp1952
010-68326294　　金　　书　　网：www.golden-book.com

机工教育服务网：www.cmpedu.com

前　言

本书在第1版的基础上，根据近几年使用的情况，主要从以下几个方面进行了修订：1）增加了部分图例；2）对原书的文字及图例错误进行了改正；3）改编了某些章节的结构，使内容的编排更加合理、紧凑。

本书以圆柱齿轮减速器的设计为典型案例，介绍了圆柱齿轮减速器设计的全过程，详细介绍了设计的基本思路，并结合具体结构设计、解析设计中常出现的问题。尽可能地选用最新的国家标准和设计规范，为了减少篇幅，标准和图例的选用以本课程设计为主，参考图、设计题目以及设计答辩题均考虑了高职高专学生的特点，力求简明、实用。

全书共16章，第1~8章为课程设计指导，第9~15章为常用标准和设计规范及参考图例，第16章为设计任务书格式及设计题目。

本书为“十二五”职业教育国家规划教材《机械设计基础》（第2版）（李海萍主编）的配套教材，也是高职高专机械设计基础课程的配套教材，按照简明、实用的原则，根据高职高专的特点而编写，可作为高职高专机械类与近机械类专业课程设计及实训课程使用。

本书的编写和修订分工为：南京工业职业技术学院庄亚红负责第1~3章，山东劳动职业技术学院姚云英负责第5~7章、山东劳动职业技术学院孙永华负责第4章，南京工业职业技术学院李海萍负责第8~16章。

全书由李海萍担任主编及统稿，姚云英担任第二主编。对参与本次修订工作的所有老师表示衷心的感谢。

对本书存在的错误和不足之处，恳请读者予以指正。

编者

目　　录

第1章 概 述

1.1 课程设计的目的

机械设计基础课程设计是学生学完机械设计基础课程后进行的一项综合应用环节，是重要的实践性教学环节，是培养学生机械设计能力的技术基础课。

课程设计的主要目的是：

1）通过课程设计使学生学会综合运用机械设计基础课程及其他相关的先修课程知识，起到巩固、加强、融会及扩展有关机械设计方面知识的作用。

2）通过课程设计的实践，培养学生分析和解决工程实际问题的能力，使学生掌握机械零件、机械传动装置或简单机械的基本设计方法和步骤，初步培养学生独立分析、解决实际工程设计问题的能力，树立正确的设计思想，为以后进行设计工作打下良好的基础。

3）提高学生的有关设计能力、绘图能力、计算机辅助设计能力以及计算机应用等能力，使学生能够熟练地应用设计资料（手册、图册等），熟悉有关标准、规范、经验估算等机械设计的基本知识。

1.2 课程设计的内容和步骤

1.2.1 课程设计的内容

课程设计通常选择由本课程所学过的大部分通用零件组成的一般用途的机械传动装置或简单机械为设计题目。本书选择减速器的设计为主要内容，力求使学生得到较全面的训练。减速器包含齿轮、轴、轴承、键、箱体等零件。设计的主要内容包括以下几个方面。

1）分析、拟定传动装置的传动方案。

2）选择电动机。

3）计算传动装置的运动参数和动力参数。

4）设计、校核传动件和轴。

5）选择减速器的标准件。

6）设计箱体结构。

7）画出低速轴、大齿轮零件工作图，减速器箱座及箱盖、减速器装配工作图。

8）完成设计计算说明书，参加答辩。

1.2.2 课程设计的步骤

课程设计与机械设计的一般过程相类似，首先是进行方案设计，然后进行计算和结构设计，最后用图样表达设计结果，以设计说明书表达设计的依据。在设计过程中由于一些参数的初步选择和初步估算可能不准确，所以在整个设计过程中需要通过边计算、边画图、边修改的方式，逐步完成整个减速器的设计。

机械设计基础课程设计大体可按以下几个阶段进行。

1. 设计准备阶段

1）熟悉设计任务书、明确设计的内容和要求。

2）准备好设计需要的图书、资料和用具。

3）阅读相关资料、图样，参观实物或模型，观看电视教学片，进行减速器拆装实验等，了解设计对象。

4）复习相关课程内容，熟悉有关零件的设计方法和步骤。

2. 传动装置的总体设计

1）分析、确定传动装置的方案。

2）选择电动机。

3）确定传动装置的总传动比，分配各级传动比。

4）计算传动装置的运动和动力参数，计算各轴转速和转矩。

3. 传动零件的设计计算

1）箱体外部传动零件的设计计算。

2）箱体内部传动零件的设计计算。

4. 装配草图的设计和绘制

1）设计、选择减速器箱体结构及其附件，确定润滑密封和冷却的方式。

2）绘制减速器装配草图，进行轴、轴上零件和轴承组合的结构设计。

3）校核轴的强度，校核滚动轴承的寿命。

4）绘制减速器箱体结构。

5）绘制减速器附件。

5. 装配图的绘制

1）绘制装配图。

2）标注尺寸、公差配合及零件序号。

3）编写零件明细表、标题栏、技术特性和技术要求。

6. 零件工作图绘制

1）绘制齿轮工作图。

2）绘制轴工作图。

3）绘制箱座及箱盖工作图。

4）绘制减速器附件工作图。

7. 编写设计计算说明书

8. 答辩

1.2.3 课程设计的有关注意事项

机械设计基础课程设计是学生第一次接触较全面的综合设计计算。在设计过程中，学生开始往往不知从何处着手。教师应当指导学生，启发学生的设计思路，要求他们多思考、多提问，做到心中有数再开始设计。设计过程中，学生必须独立思考、严肃认真、刻苦钻研、一丝不苟、精益求精，按时完成设计任务，这样才能得到锻炼和获得比较大的提高。

（1）课程设计应当由学生独立完成　教师的主导作用在于启发学生的设计思路，解答学生的疑难问题，并按设计进度进行阶段审查。学生必须发挥自己分析问题和解决问题的能力，不可过分地依赖教师。

（2）标准和规范的采用　在设计中尽可能多采用标准件，零件及结构设计应符合国家标准和规范，这样可使零件具有互换性，能够提高设计效率，从而获得较高的经济效益。

（3）认真设计草图才能事半功倍　草图应该按照比例绘制，按尺寸画出每个零件，这样做有利于设计者及早发现问题，如零件之间干涉等问题。

（4）设计过程中应及时检查并及时修正　设计是计算与绘图交替进行的一项工作，须做到有错必改正，不怕返工，一丝不苟。

（5）注意数据的记录和整理　将每一步所得的数据记录下来，便于随时检查和修改，为编写设计计算说明书做好准备。

总之，设计是一项继承和创造的工作。任何一个设计都有很多种解决方案，因此学习机械设计不但要借鉴以往积累下来的宝贵经验和资料，还要有创新精神，提高自己分析和解决工程实际设计问题的能力。

第 2 章　传动装置的总体设计

传动装置总体设计包括确定传动方案、选择电动机、分配各级传动比和计算传动装置的运动和动力参数，为下一步计算各级传动件和绘制装配草图提供依据。一般由教师拟定课程设计的任务书，学生根据任务书提出传动方案，分析传动方案的合理性。

2.1　确定传动方案

1. 传动装置的组成

机器通常由原动机、传动装置和工作装置三部分组成。其中传动装置用于传递原动机的运动和动力，变换其运动形式以满足工作装置的需要，是机器的一个重要组成部分。传动装置一般包括传动件和支撑件两部分，传动件如齿轮传动、带传动、链传动等，支撑件如轴、轴承、箱体等。传动装置的传动方案用机构运动简图来表示运动和动力的传递方式和过程。

2. 合理的传动方案

合理的传动方案除了应满足工作装置的功能要求外，还应满足结构简单、制造安装方便、成本低廉、传动效率高等条件。图 2-1 所示为在狭小矿井巷道中工作的带输送机的四种传动方案。在满足运动要求的前提下，分析传动方案如下：方案 a 的宽度和长度尺寸比较大，而且带传动不适应繁重的工作要求和恶劣的环境，但是带传动有过载保护的优点，还可以缓和冲击和振动；方案 c 的结构紧凑，但是在长期连续运转的条件下，由于蜗杆的传动效率低，功率损失就大；方案 d 的宽度尺寸较方案 b 小，但是锥齿轮加工比圆柱齿轮困难，成本较高；方案 b 是合理的。

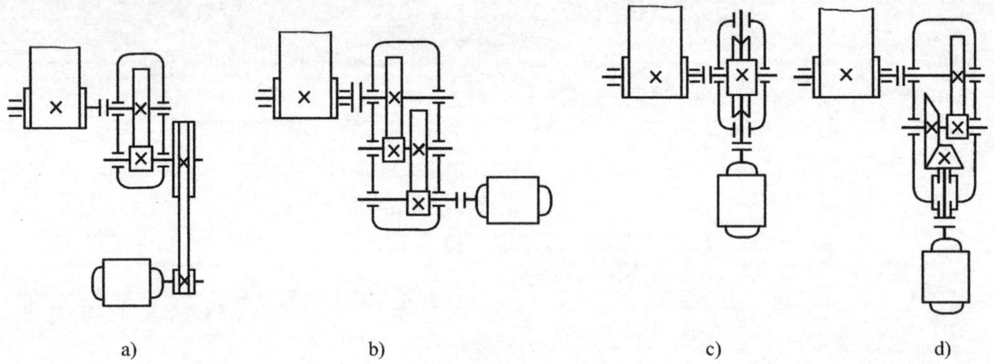

图 2-1　带输送机的四种传动方案

为了能更好地选择传动方案，下面几点内容供参考。

1）带传动承载能力较低，在传递相同转矩时，结构尺寸较其他形式大，但是带传动平稳，能缓冲吸振，有过载保护的作用，因此尽量放在传动装置的高速级。

2）链传动运转不均匀，有冲击，不适用于高速传动，宜布置在传动装置的低速级。

3）蜗杆传动大多用于传动比大而功率小的场合，其承载能力较齿轮传动低，宜布置在传动的高速级，获得较小的结构尺寸。

4）锥齿轮的加工困难，特别是大模数锥齿轮，因此锥齿轮传动宜布置在传动的高速级并限制其传动比，减小其直径和模数。

5）斜齿轮传动较直齿轮传动平稳，宜布置于高速级或要求传动平稳的场合。

6）开式齿轮传动的工作环境较差，润滑条件不好，磨损较严重，宜布置在低速级。

7）一般情况下，总是将改变运动形式的机构，如连杆机构、凸轮机构等布置在传动装置的末端。

常见机械传动的主要性能见表2-1。

表2-1　常见机械传动的主要性能

选用指标	传动机构					
	平带传动	V带传动	链传动	齿轮传动		蜗杆传动
功率/kW（常用值）	小（≤20）	中（≤100）	中（≤100）	大（最大达50000）		小（≤50）
单级传动比				圆柱	圆锥	
常用值	2～4	2～4	2～5	3～5	2～3	10～40
最大值	5	7	6	8	5	80
传动效率	中	中	中	高		低
许用线速度/$(m \cdot s^{-1})$	≤25	≤25～30	≤40	6级精度直齿≤18，非直齿≤36，5级精度达100		≤15～35
外廓尺寸	大	大	大	小		小
传动精度	低	低	中等	高		高
工作平稳性	好	好	较差	一般		好
自锁能力	无	无	无	无		可有
过载保护能力	有	有	无	无		无
使用寿命	短	短	中等	长		中等
缓冲吸振能力	好	好	中等	差		差
要求制造及安装精度	低	低	中等	高		高
要求润滑条件	不需	不需	中等	高		高
环境适应性	不能接触酸、碱、油类、爆炸性气体		好	一般		一般

2.2　确定减速器结构和零部件类型

2.2.1　常用减速器的类型和特点

减速器是由封闭在箱体内的齿轮传动、蜗杆传动或齿轮-蜗杆传动所组成。它的作用是降低原动机的转速，以适应工作机所需转速。减速器的形式很多，可以满足各种机器的不同要求。常用减速器的类型和特点见表2-2。

表2-2 常用减速器的主要类型和特点

类 型	简 图 及 特 点
一级圆柱齿轮减速器	 传动比一般小于6，可用直齿、斜齿或人字齿。传动功率可达数万千瓦，效率高、工艺简单，精度易保证，一般工厂均能制造，应用广泛
二级圆柱齿轮减速器	 传动比一般为8～40，可用直齿、斜齿或人字齿，结构简单、应用广泛。展开式由于齿轮相对于轴承为不对称布置，因而沿齿向载荷分布不均，要求轴有较大刚度。分流式则齿轮相对于轴承为对称布置，常用于较大功率，变载荷场合。同轴式减速器长度方向尺寸较小，但轴向尺寸较大，中间轴较长，刚度较差，两级大齿轮直径接近，有利于浸油润滑。轴线可以水平、上下或铅垂布置
一级锥齿轮减速器	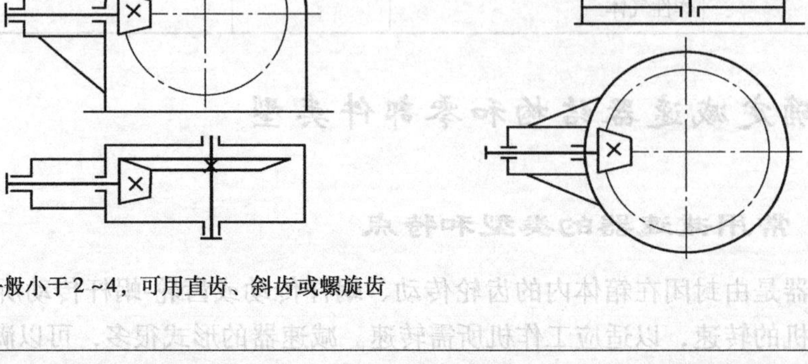 传动比一般小于2～4，可用直齿、斜齿或螺旋齿

（续）

类　型	简 图 及 特 点
一级蜗杆减速器	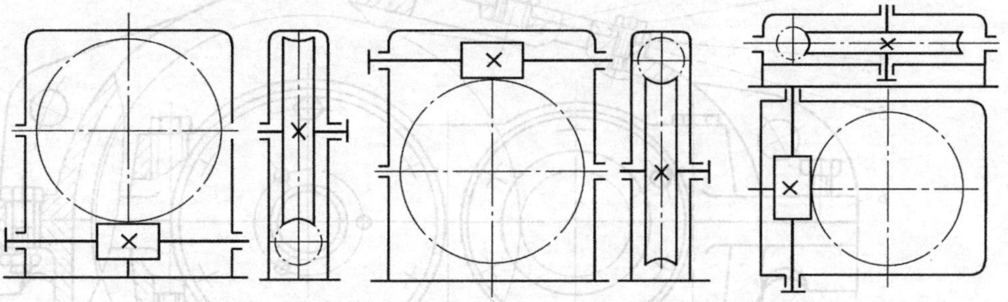 传动比为 8 ~ 80，结构简单，尺寸紧凑，但效率较低。适用于载荷较小、间隙工作的场合。蜗杆圆周速度 $v \leqslant 4\mathrm{m/s}$ 时用蜗杆下置式，$v > 4\mathrm{m/s}$ 时用蜗杆上置式。采用立轴布置时密封要求高

2.2.2　减速器的结构组成

减速器主要由传动件（齿轮或蜗杆等）、轴、轴承、箱体及其附件所组成。图 2-2 所示为一级圆柱齿轮减速器的结构图。本书重点介绍一级圆柱齿轮减速器的设计计算，以图 2-2 为例介绍减速器的结构和零部件类型。

1. 齿轮、轴及轴承组合

（1）齿轮结构　图中小齿轮与高速轴制成一体，称为齿轮轴（零件号 16）；大齿轮（零件号 32）和低速轴（零件号 20）分开制造。

（2）轴和轴上零件的轴向定位和固定　轴两端采用角接触球轴承（零件号 31、34）作为支承。轴上零件利用轴肩、轴套（零件号 28）和轴承盖（零件号 18、22、27、33）作轴向固定，轴承间隙用垫片调整。

（3）轴上零件的周向固定　大齿轮和低速轴用平键（零件号 21）做周向固定，滚动轴承和轴用过盈配合做周向固定。

2. 箱体

箱体是减速器中的基础零件，是用来支持和固定轴系零件，保证传动零件的啮合精度、良好润滑及密封的重要零件。因此，箱体的结构在设计时必须全面考虑。

1）为了增加箱体的刚度，可在箱体上轴承孔附近做加强肋。

2）为了便于轴系零部件的安装和拆卸，箱体通常做成沿轴心线水平剖分式。图中箱体由箱座（零件号26）及箱盖（零件号6）两部分组成。箱座及箱盖用螺栓（零件号23、24、25；38、39、40）结合。

3）为保证箱座和箱盖相互位置的精确性，用两个圆锥定位销（零件号 7）定位。

3. 减速器的主要附件

（1）检查孔　为了检查传动零件的啮合情况，并向箱体内注入润滑油，应在箱体的适当位置设置检查孔。图中检查孔是长方形，设置在箱盖顶部能够直接观察到齿轮啮合部位的地方，为检查齿轮啮合情况，其大小应允许手伸入检查孔。平时检查孔用检查盖（零件号 4）、垫片（零件号 5）和螺钉加以密封，以防止润滑油向外渗漏和灰尘杂质进入箱体。

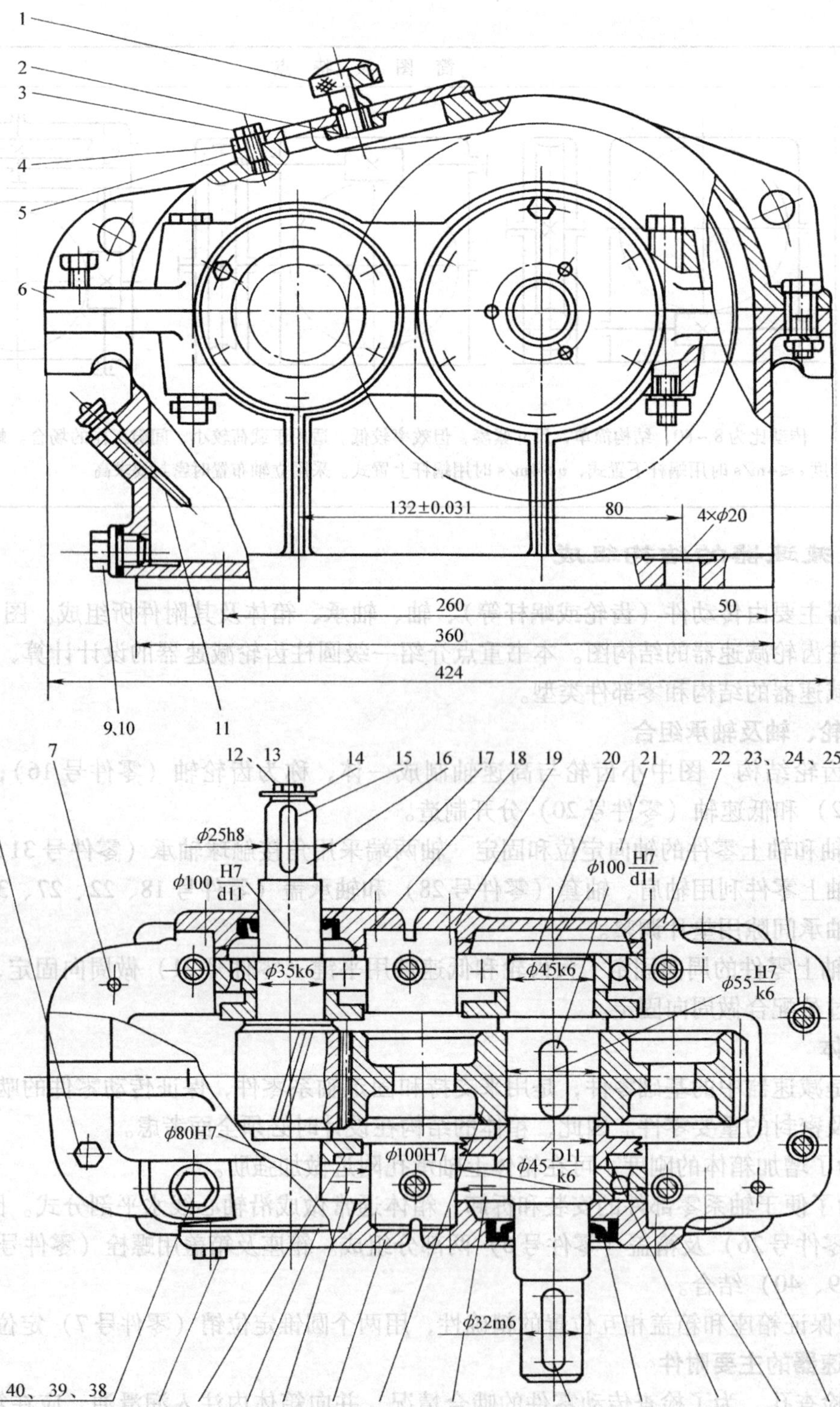

图 2-2 一级圆柱齿轮减速器

（2）放油螺塞 换油时，为排放污油和清洗剂，应在箱底油池的最低位设置油孔。平时放油孔用带有细牙螺纹的螺塞（零件号9），封油垫（零件号10）把孔封闭，以防漏油。

（3）油面指示器 为了检查减速器内油面的高度，一般在箱体便于观察、油面较稳定的部位设置油面指示器。油面指示器有油标和油尺两类。图中采用油标（零件号11）为油面指示器。

（4）通气器 减速器长期连续工作，箱体内的温度会升高，气体膨胀，压力增大。为使箱体内空气能自由排出，以保持箱体内外压力平衡，通常在箱体顶部或检查孔盖上安装通气器。图中采用的通气器（零件号1）结构简单，适用于工作环境较清洁的场合。

（5）起盖螺钉 为了便于开启箱盖，常在箱盖连接凸缘的适当位置，加工出1~2个螺孔，旋入起盖用的圆柱端或平端的起盖螺钉。小型减速器也可不设起盖螺钉。图中起盖螺钉安装在箱盖左侧凸缘处（零件号8）。

2.3 电动机的选择

电动机是最常见的原动机，已经标准化、系列化。选择电动机时，应该按照工作机的特性、工作环境、工作载荷的大小等条件，选择电动机的类型和型号。

2.3.1 选择电动机的类型

电动机分为交流电动机和直流电动机两种，工业上广泛应用三相交流电动机，尤其以三相笼型异步电动机应用最为广泛。目前应用最多的是Y系列自扇冷式笼型异步电动机，其结构简单、工作可靠、价格低廉、维护方便，广泛应用于输送机、搅拌机、机床等。对于需频繁快速启动、制动和逆转的机器，要求电动机具有较小的转动惯量和较大的承载能力，这时应选用YZ型（笼型）和YZR型（绕线型）。

2.3.2 选择电动机的型号

在连续运转的条件下，电动机发热不超过许可温升的最大功率称为额定功率。负荷达到额定功率时的电动机转速称为满载转速。

1. 确定电动机的功率

电动机的功率与电动机的工作性能和经济性能有直接的联系。如果电动机的功率小于工作要求，则不能保证工作机的正常工作，并且电动机易损坏；如果电动机的功率过大，则电动机不能满载工作，效率较低，增加电能消耗，造成浪费。因此，在设计中要选择合适的电动机功率。电动机的功率主要根据工作机的功率来确定。

工作机的功率根据工作阻力和速度来确定，即

$$P_w = \frac{Fv}{1000\eta_w} \quad 或 \quad P_w = \frac{Tn}{9550\eta_w}$$

式中，P_w是工作机的功率（kW）；F是工作机的阻力（N）；v是工作机的线速度（m/s）；η_w是工作机的效率；T是工作机的转矩（N·m）；n是工作机的转速（r/min）。

电动机所需的输出功率

$$P_{\mathrm{d}}=\frac{P_{\mathrm{w}}}{\eta}$$

式中，η 为电动机到工作机的传动装置总效率，可按下式计算

$$\eta=\eta_1\eta_2\eta_3\cdots\eta_n$$

式中，η_1、η_2、η_3、η_n 为传动装置中各零部件的效率，见表 2-3 机械传动的效率概略值。

计算传动装置的总效率需注意以下两点。

1）轴承效率通常指一对轴承而言。

2）推荐的效率值为一范围时，一般可取中间值。当工作条件差、加工精度低、维护不良时取较低值，反之取较高值。

对于长期连续运转、载荷不变的工作机，选择电动机功率的原则是电动机的额定功率 P_{ed} 稍大于电动机的工作功率 P_{d}，即 $P_{\mathrm{ed}}\geqslant P_{\mathrm{d}}$，这样就能保证电动机正常工作。如果电动机的工作功率大于额定功率，过载范围在5%之内时，也可选用。对于其他条件下工作的电动机，额定功率的选择方法可参考其他资料。

表 2-3　机械传动的效率概略值

种类		效率 η	种类		效率 η
圆柱齿轮传动	很好走合的6级精度和7级精度齿轮传动(油润滑)	0.98～0.99	锥齿轮传动	很好走合的6级精度和7级精度齿轮传动(油润滑)	0.97～0.98
	8级精度的一般齿轮传动(油润滑)	0.97		8级精度的一般齿轮传动(油润滑)	0.94～0.97
	9级精度的一般齿轮传动(油润滑)	0.96		加工齿的开式齿轮传动(脂润滑)	0.92～0.95
	加工齿的开式齿轮传动(脂润滑)	0.94～0.96		铸造齿的开式齿轮传动	0.88～0.92
	铸造齿的开式齿轮传动	0.90～0.93	联轴器	滑块联轴器	0.97～0.99
蜗杆传动	自锁蜗杆(油润滑)	0.40～0.45		齿式联轴器	0.99
	单头蜗杆(油润滑)	0.70～0.75		弹性联轴器	0.99～0.995
	双头蜗杆(油润滑)	0.75～0.82		万向联轴器	0.95～0.97
	三头和四头蜗杆(油润滑)	0.80～0.92	滑动轴承	润滑很好(压力润滑)	0.98(一对)
	双面蜗杆传动(油润滑)	0.85～0.95		润滑正常	0.97(一对)
带传动	平带无压紧轮的开式传动	0.98		润滑不良	0.94(一对)
	平带有压紧轮的开式传动	0.97		液体润滑	0.99(一对)
	平带交叉传动	0.90	减(变)速器	单级圆柱齿轮减速器	0.97～0.98
	V带传动	0.96		双级圆柱齿轮减速器	0.95～0.96
链传动	焊接链	0.93		行星圆柱齿轮减速器	0.95～0.98
	片式关节链	0.95		单级锥齿轮减速器	0.95～0.96
	滚子链	0.96		双级圆锥-圆柱齿轮减速器	0.94～0.5
	齿形链	0.97			
滚动轴承	球轴承	0.99(一对)		无级变速器	0.92～0.95
	滚子轴承	0.98(一对)		摆线针轮减速器	0.90～0.97

2. 确定电动机的转速

同一类型、相同额定功率的电动机也有几种不同的转速。转速越高，则电动机的外形尺寸越小，重量越轻，价格越便宜，效率也越高。但是，当工作机转速较低时，选择转速较高的电动机，则减速器的传动比就较大，从而使减速器外形尺寸，重量、成本等加大。额定功率相同的三相异步电动机有四种常用的同步转速，即 3000r/min 、1500r/min 、1000r/min 、750r/min，一般选用同步转速为 1500r/min 和 1000r/min 较为适宜。

可由工作机的转速要求和传动机构的合理传动比范围，推算出电动机转速的可选范围，即

$$n_d = (i_1 i_2 \cdots i_n)\ n_w$$

式中，n_d 为电动机的可选转速范围；$i_1 \sim i_n$ 为各级传动比的合理范围；n_w 为工作机的转速范围。

3. 选择电动机的型号

由选定的电动机类型、结构和转速查出电动机型号。设计传动装置时，一般按实际需要的电动机输出功率 P_d 计算，转速则取满载转速 n_m。

例 2.1　如图 2-3 所示带式运输机传动方案。已知运输带的圆周力 $F=6000\text{N}$，运输带速度 $v=0.5\text{m/s}$，卷筒直径 $D=500\text{mm}$，卷筒传动效率 $\eta_w=0.96$，在室内常温下长期连续工作。试选择合适的电动机。

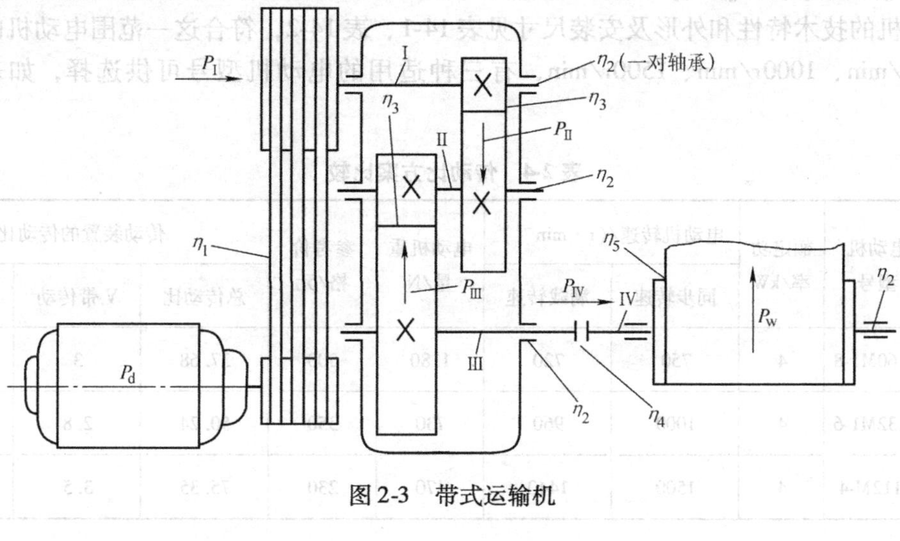

图 2-3　带式运输机

解：（1）选择电动机的类型

按已知的工作要求和条件，选用 Y 型全封闭笼型三相异步电动机。

（2）选择电动机型号

电动机所需工作功率为

$$P_d = \frac{P_w}{\eta}$$

其中

$$P_w = \frac{Fv}{1000\eta_w}$$

则
$$P_d=\frac{P_w}{\eta}=\frac{Fv}{1000\eta_w\eta}$$

由电动机至运输机的传动总效率 η 为

$$\eta=\eta_1\eta_2^4\eta_3^2\eta_4$$

式中，η_1 是带传动的效率、η_2 是轴承传动的效率、η_3 是齿轮传动的效率、η_4 是联轴器传动的效率、η_w 是卷筒传递的效率。其大小分别为 $\eta_1=0.96$、$\eta_2=0.98$、$\eta_3=0.97$、$\eta_4=0.99$、$\eta_w=0.96$。

则
$$\eta'=\eta_1\eta_2^4\eta_3^2\eta_4\eta_w=0.96\times0.98^4\times0.97^2\times0.99\times0.96=0.79$$

即
$$P_d=\frac{P_w}{\eta}=\frac{Fv}{1000\eta'}=\frac{6000\times0.5}{1000\times0.79}\text{kW}=3.8\text{kW}$$

（3）确定电动机的转速

卷筒轴工作转速为

$$n_w=\frac{60\times1000v}{\pi D}=\frac{60\times1000\times0.5}{\pi\times500}\text{r/min}=19.11\text{r/min}$$

根据表2-1推荐的合理的传动比范围，初选V带的传动比 $i_1'=2\sim4$，齿轮传动比 $i_2'=9\sim25$，故电动机转速的可选范围为

$$n_d'=(i_1'i_2'\cdots i_n')\ n_w=(18\sim100)\ \times19.11\text{r/min}=(343.98\sim1911)\ \text{r/min}$$

电动机的技术特性和外形及安装尺寸见表14-1、表14-2，符合这一范围电动机的同步转速有750r/min、1000r/min、1500r/min，有三种适用的电动机型号可供选择，如表2-4所示。

表2-4　传动比方案比较

传动比方案	电动机型号	额定功率/kW	电动机转速/($\text{r}\cdot\text{min}^{-1}$)		电动机重量/N	参考价格/元	传动装置的传动比		
			同步转速	满载转速			总传动比	V带传动	齿轮
1	Y160M1-8	4	750	720	1180	500	37.68	3	12.56
2	Y132M1-6	4	1000	960	730	350	50.24	2.8	17.94
3	Y112M-4	4	1500	1440	470	230	75.35	3.5	21.53

综合考虑电动机和传动装置的尺寸、重量和价格选择方案2比较合适。因此选定电动机的型号为Y132M1-6。所选电动机的主要性能和外观尺寸见表2-5和表2-6。

表2-5　电动机（型号Y132M1-6）的主要性能

额定功率 P_{ed}/kW	同步转速 n/($\text{r}\cdot\text{min}^{-1}$)	满载转速 n_m/($\text{r}\cdot\text{min}^{-1}$)	电动机总重/N	起动转矩/额定转矩	最大转矩/额定转矩
4	1000	960	730	2.0	2

表 2-6　电动机（型号 Y132M1-6）的主要外形尺寸和安装尺寸

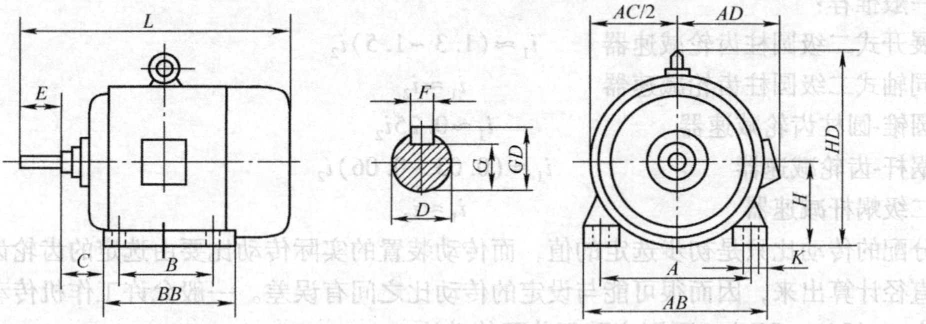

中心高 H	外形尺寸 $L\times(AC/2+AD)\times HD$	底脚安装尺寸 $A\times B$	底脚外形尺寸 $AB\times BB$	地脚螺栓孔直径 K	轴外伸尺寸 $D\times E$
132mm	515mm×345mm×315mm	216mm×178mm	280mm×238mm	12mm	38mm×80mm

2.4 分配传动比

2.4.1 计算总传动比

电动机选定后，由电动机的满载转速 n_m 和工作机轴的转速 n_w，可计算得出传动装置的总传动比为

$$i=\frac{n_m}{n_w}$$

传动装置的总传动比等于各级传动比的连乘积，即

$$i=i_1 i_2 i_3 \cdots i_n$$

2.4.2 分配各级传动比

计算出总的传动比后，应合理的分配各级传动比，这是传动装置设计中的一个重要问题。它会影响到传动装置的外廓尺寸、重量、润滑以及成本等问题。分配传动比一般有以下几个原则。

1）各级传动比最好在其推荐范围内选择，不应超过其最大值，可参见表 2-1。

2）应使传动装置的外廓尺寸尽可能紧凑，即有最小的外廓尺寸和最小的中心距。

3）应使各级传动件尺寸协调、传动结构匀称合理，避免传动件之间互相干涉。例如，有带传动的装置中，一般应使带传动的传动比小于齿轮传动的传动比。因为，若带传动的传动比过大，使得大带轮的直径过大，超过了减速器的中心高，则易使大带轮与底座相碰，如图 2-4 所示。

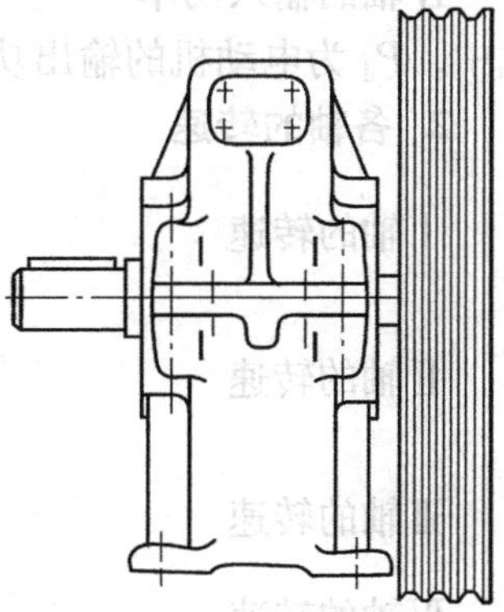

图 2-4　带轮与底座相碰

4）在齿轮减速器中，应使各级大齿轮的直径相接近，便

于齿轮浸油润滑。

一般推荐：

展开式二级圆柱齿轮减速器 $i_1 \approx (1.3 \sim 1.5) i_2$

同轴式二级圆柱齿轮减速器 $i_1 \approx i_2$

圆锥-圆柱齿轮减速器 $i_1 \approx 0.25 i_2$

蜗杆-齿轮减速器 $i_1 \approx (0.03 \sim 0.06) i_2$

二级蜗杆减速器 $i_1 \approx i_2$

分配的传动比只是初步选定的值，而传动装置的实际传动比要由选定的齿轮齿数和带轮基准直径计算出来，因而很可能与设定的传动比之间有误差。一般允许工作机传动比的误差范围为 ±（3% ~5%）。否则应重新分配传动比。

2.5 传动装置的运动参数和动力参数的计算

传动装置的运动参数和动力参数是指各轴的转速、功率和转矩。一般按电动机到工作机之间运动传递的顺序推算出各轴的运动和动力参数。现以例 2.1 的传动装置为例，说明各轴的转速、功率及转矩的计算方法。

1. 各轴的功率

各轴功率的计算有两种方法。

1）按工作机所需功率及传动效率计算功率。

2）按电动机的额定功率及传动效率计算功率。

前一种方法计算的是各轴实际传递的功率，因而设计出的各零件尺寸紧凑，一般用于专用机器传动装置的设计；后一种方法计算出的功率要比实际功率略大一些，因而尺寸较大，但承载能力要大一些，一般用于通用机器传动装置的设计。本课程设计中，采用前一种方法设计。

各轴的功率为

Ⅰ轴的输入功率 $P_1 = P_d \eta_1$

Ⅱ轴的输入功率 $P_2 = P_1 \eta_2 \eta_3$

Ⅲ轴的输入功率 $P_3 = P_2 \eta_2 \eta_3$

Ⅳ轴的输入功率 $P_4 = P_3 \eta_2 \eta_4$

式中，P_d 为电动机的输出功率（kW）。

2. 各轴的转速

Ⅰ轴的转速 $$n_1 = \frac{n_m}{i_1}$$

Ⅱ轴的转速 $$n_2 = \frac{n_1}{i_2} = \frac{n_m}{i_1 i_2}$$

Ⅲ轴的转速 $$n_3 = \frac{n_2}{i_3} = \frac{n_m}{i_1 i_2 i_3}$$

Ⅳ轴的转速 $$n_4 = n_3$$

式中，n_m 为电动机的满载转速，单位为 r/min；i_1 为电动机至Ⅰ轴的传动比；i_2 为Ⅰ轴至Ⅱ

轴的传动比；i_3 为Ⅱ轴至Ⅲ轴的传动比。

3. 各轴的转矩

Ⅰ轴的输入转矩　$T_1 = T_d i_1 \eta_1$

Ⅱ轴的输入转矩　$T_2 = T_1 i_2 \eta_2 \eta_3$

Ⅲ轴的输入转矩　$T_3 = T_2 i_3 \eta_2 \eta_3$

Ⅳ轴的输入转矩　$T_4 = T_3 \eta_2 \eta_4$

式中，T_d 为电动机的输出转矩（N · m），$T_d = 9550 \dfrac{P_d}{n_m}$。

以上计算得到的各轴运动和动力参数以表格的形式整理。

例 2.2　同例 2.1 的已知条件和计算结果，计算各轴的运动和动力参数。

解：（1）各轴的功率

Ⅰ轴的输入功率　$P_1 = P_d \eta_1 = 3.8\text{kW} \times 0.96 = 3.65\text{kW}$

Ⅱ轴的输入功率　$P_2 = P_1 \eta_2 \eta_3 = 3.65\text{kW} \times 0.98 \times 0.97 = 3.47\text{kW}$

Ⅲ轴的输入功率　$P_3 = P_2 \eta_2 \eta_3 = 3.47\text{kW} \times 0.98 \times 0.97 = 3.30\text{kW}$

Ⅳ轴的输入功率　$P_4 = P_3 \eta_2 \eta_4 = 3.30\text{kW} \times 0.98 \times 0.99 = 3.20\text{kW}$

（2）各轴的转速为

Ⅰ轴的转速　$n_1 = \dfrac{n_m}{i_1} = \dfrac{960}{2.8}\text{r/min} = 342.86\text{r/min}$

Ⅱ轴的转速　$n_2 = \dfrac{n_1}{i_2} = \dfrac{n_m}{i_1 i_2} = \dfrac{342.86}{4.6}\text{r/min} = 74.53\text{r/min}$

Ⅲ轴的转速　$n_3 = \dfrac{n_2}{i_3} = \dfrac{n_m}{i_1 i_2 i_3} = \dfrac{74.53}{3.9}\text{r/min} = 19.11\text{r/min}$

Ⅳ轴的转速　$n_4 = n_3 = 19.11\text{r/min}$

（3）各轴的转矩为

电动机轴的转矩　$T_d = 9550 \dfrac{P_d}{n_m} = 9550 \times \dfrac{3.8}{960}\text{N} \cdot \text{m} = 37.80\text{N} \cdot \text{m}$

Ⅰ轴的输入转矩　$T_1 = T_d i_1 \eta_1 = 37.80\text{N} \cdot \text{m} \times 2.8 \times 0.96 = 101.61\text{N} \cdot \text{m}$

Ⅱ轴的输入转矩　$T_2 = T_1 i_2 \eta_2 \eta_3 = 101.61\text{N} \cdot \text{m} \times 4.6 \times 0.98 \times 0.97 = 444.32\text{N} \cdot \text{m}$

Ⅲ轴的输入转矩　$T_3 = T_2 i_3 \eta_2 \eta_3 = 444.32\text{N} \cdot \text{m} \times 3.9 \times 0.98 \times 0.97 = 1647.24\text{N} \cdot \text{m}$

Ⅳ轴的输入转矩　$T_4 = T_3 \eta_2 \eta_4 = 1647.24\text{N} \cdot \text{m} \times 0.98 \times 0.99 = 1598.16\text{N} \cdot \text{m}$

运动和动力参数的计算结果列于表2-7中。

表 2-7　运动和动力参数的计算结果

轴名 / 参数	电动机轴	Ⅰ　轴	Ⅱ　轴	Ⅲ　轴	Ⅳ　轴
转速 n/（r · min^{-1}）	960	342.86	74.53	19.11	19.11
输入功率 P/kW	3.8	3.65	3.47	3.30	3.20
输入转矩 T/（N · m）	37.80	101.61	444.32	1647.24	1598.16
传动比 i		2.8	4.6	3.9	1
效率 η		0.96	0.95	0.95	0.95

第3章　传动零件的设计

传动零件的设计，包括确定各级零件的材料、主要参数及其结构尺寸，为绘制装配草图做好准备。一般先设计减速器外的传动零件，再确定减速器内的传动比及各轴转速、转矩的精确数值，这样的计算结果误差较小，最后进行减速器内传动零件的设计。传动零件的设计计算方法、计算步骤和计算公式按机械设计基础教材所述，这里只简述设计时应注意的一些问题。

3.1　箱外传动件的设计

1. 带传动

1）带传动常用V带传动。V带设计的主要内容是确定V带型号和根数，带轮的材料、直径和中心距等。

2）注意带轮的大小与其他机件的装配协调问题。例如，小带轮轴孔直径、长度是否与电动机轴径、长度相符；小带轮直径是否能与电动机中心高相配合；大带轮直径是否与机器底座干涉等。

3）带轮的直径确定后，应验算实际传动比和大带轮的转速，并以此修正减速器的传动比和输入转矩。

4）算出V带对轴的压力，为分析轴的受力做好准备。

2. 链传动

1）链传动设计的主要内容是确定链的节距、排数和规格，链轮材料、直径和中心距等。

2）注意链轮的大小与其他机件的装配协调问题，应使链轮的直径、轴孔尺寸等与减速器、工作机相适应。

3）当选用单列链尺寸过大时，则应改用双列链。画链轮结构图时，链轮齿形可不画。

3. 开式齿轮传动

1）开式齿轮传动常用于低速级，一般采用直齿圆柱齿轮。因开式齿轮传动润滑条件差、磨损严重，故只需计算轮齿的弯曲强度，再将计算所得模数增大10%~20%。

2）开式齿轮支承刚度较小，齿宽系数应取小些，以减小轮齿载荷集中。

3）应选用耐磨性好的材料作为齿轮材料。大齿轮材料的选择应考虑毛坯的制造方法。

4）检查齿轮尺寸与传动装置和工作机是否相称，有无干涉问题。

3.2　箱内传动件的设计

1. 圆柱齿轮传动

1）齿轮传动设计需要确定齿轮的材料、模数、齿数、分度圆、螺旋角、变位系数和中心距等。

2）选择材料时，注意毛坯的制造方法。当齿轮直径 $d \leqslant 500$mm 时。多采用锻造毛坯，当 $d > 500$mm 时，多采用铸造毛坯。小齿轮齿根圆与轴径接近时，多采用齿轮轴，材料应兼顾轴的要求。同一减速器的各级小（大）齿轮的材料应尽可能一致，以减少材料牌号和工艺要求。

3）圆柱齿轮传动的中心距 a、模数 m、齿数 z、传动比 i 及螺旋角 β 等主要参数互相影响并保持一定的几何关系，设计时应不断调整，综合考虑，以便得到合理的最后数值。

4）正确处理设计计算的尺寸数据，分别视不同情况进行标准化、圆整或得出精确值。例如，模数必须为标准值；中心距、齿宽应圆整；分度圆、齿根圆和螺旋角必须取精确的数值，一般精确到小数点后面两位等。

5）齿轮的孔径和轮毂尺寸与轴的结构尺寸有关，暂不能确定。

2. 锥齿轮传动

1）锥齿轮以大端模数为标准，几何尺寸按大端模数计算。当两轴交角为 90°时，由传动比确定齿数后，分度圆锥角由齿数比确定，其值应准确计算，不可圆整。

2）齿宽按齿宽系数求得并进行圆整。大、小齿轮的宽度应相等。

3. 蜗杆传动

1）蜗杆副材料要求有较好的走合和耐磨损性能，选择材料时要初估相对滑动速度。

2）蜗杆和蜗轮的螺旋线方向尽量取成右旋，以便加工。蜗杆转动方向由工作机转动方向及蜗杆螺旋线方向来确定。

3）蜗杆的强度和刚度验算以及热平衡计算都要先画装配草图后才能确定。

4）当蜗杆分度圆圆周速度 $v \leqslant 4$m/s 时，一般将蜗杆下置；$v > 4$m/s 时，将蜗杆上置。

5）蜗杆和蜗轮的结构尺寸，除啮合尺寸外，均应适当圆整。

3.3　轴径估算

轴的设计是减速器设计过程中重要的环节。首先选择轴的材料和热处理工艺，确定许用应力。在设计轴的结构之前，由于轴上零件位置尚未确定，所以按纯转矩受力状态初步估算轴的最小轴径。计算公式为

$$d \geqslant A_0 \sqrt[3]{\frac{P}{n}} \quad (\text{mm})$$

式中，P 是轴所传递的功率（kW）；n 是轴的转速（r/min）；A_0 是由许用应力确定的系数，详见机械设计基础教材。

当高速轴与电动机轴相连时，可取轴端直径 $d = (1 \sim 0.8)\ d_{电}$，其中 $d_{电}$ 为电动机外伸轴的直径。当该直径处有键槽时，应将计算值增大 3% ~5%。如果轴的外伸端装联轴器，则计算值必须与所选联轴器的孔径相符。考虑以上因素后才能圆整确定该轴的最小直径。

3.4　联轴器的选择

一般在传动装置中有两个联轴器：一个是减速器高速轴与电动机相连的联轴器，另一个

是减速器低速轴与工作机相连的联轴器。联轴器的类型根据工作条件来选择。连接减速器高速轴与电动机的联轴器，转速高、转矩小，减振性能良好，所以多选用弹性套柱销联轴器；连接减速器低速轴与工作机的联轴器，转速较低、转矩较大，减速器与工作机常不在同一底座上而要求两者之间有较大的轴线偏移补偿，所以多选用弹性柱销联轴器。

在确定联轴器的类型后，就要选择联轴器的型号和尺寸。根据轴所传递的转矩和轴的转速由第 13 章所列联轴器类型中或相关机械设计手册中选取合适的型号。每一种型号的联轴器都有若干种轴径可选，具体选用轴径的大小要结合轴的强度计算确定，必须与轴的直径相适应。

第 4 章　减速器结构设计

4.1　减速器结构

减速器主要分为标准减速器和非标准减速器，其中标准减速器已有系列标准，并由专业厂生产，一般情况下应尽量选用标准减速器。但在实际生产中，标准减速器不能完全满足机器的功能要求，有时还需设计非标准减速器。非标准减速器有通用和专用两种，本书主要介绍通用减速器的结构及设计。

减速器结构因其类型、用途不同而异。但无论何种类型的减速器，其基本结构主要由传动零件（齿轮或蜗杆）、轴、轴承、箱体及附件所组成。图 4-1、图 4-2 给出了一级圆柱齿轮减速器、二级齿轮减速器的典型结构，其基本结构有三大部分。

1. 传动部分

传动部分由齿轮、轴及轴承组合构成，传动部分决定了减速器的技术特性和精度，是减速器的核心部分。齿轮、轴及轴承一般是装配成轴系组件后再装入箱体，使装拆方便。

2. 箱体

减速器箱体是用以支持和固定轴系组件，保证传动件的啮合精度、良好的润滑及密封的重要零件。箱体为剖分式结构，由箱座和箱盖组成，其剖分面通过齿轮传动的轴线，箱盖与箱座用螺栓联成一体。

3. 减速器附件

减速器附件是为使减速器具备完善的性能而在箱体上设置的某些装置或零件。

（1）窥视孔　窥视孔用于检查齿轮啮合情况及润滑情况，并用于加注润滑油，平时用垫有密封垫片的盖板封住。

（2）通气器　通气器用来及时排放箱体内因发热温升而膨胀的空气，以防止高压气冲破各隙缝处的封密而造成漏油等。

（3）油标　油标用于检查箱内油面的高低。

（4）放油螺塞　放油螺塞主要用于排除油液和清洗减速器内腔，其头部支承面上垫有封油垫片。

（5）定位销　在剖分处的凸缘上设有两个圆锥销用于精确定位，确保箱盖和箱座在加工轴承孔及装配时的相互位置。

（6）起盖螺钉　起盖螺钉的作用是便于由箱座上揭开箱盖，方便拆卸。

（7）吊环螺钉　吊环螺钉是用于提升箱盖。

（8）吊钩　吊钩用于整台减速器的提升，在设计时吊钩与箱座设计成一体。

（9）地脚螺栓　地脚螺栓用于在机架或地基上固定减速器。

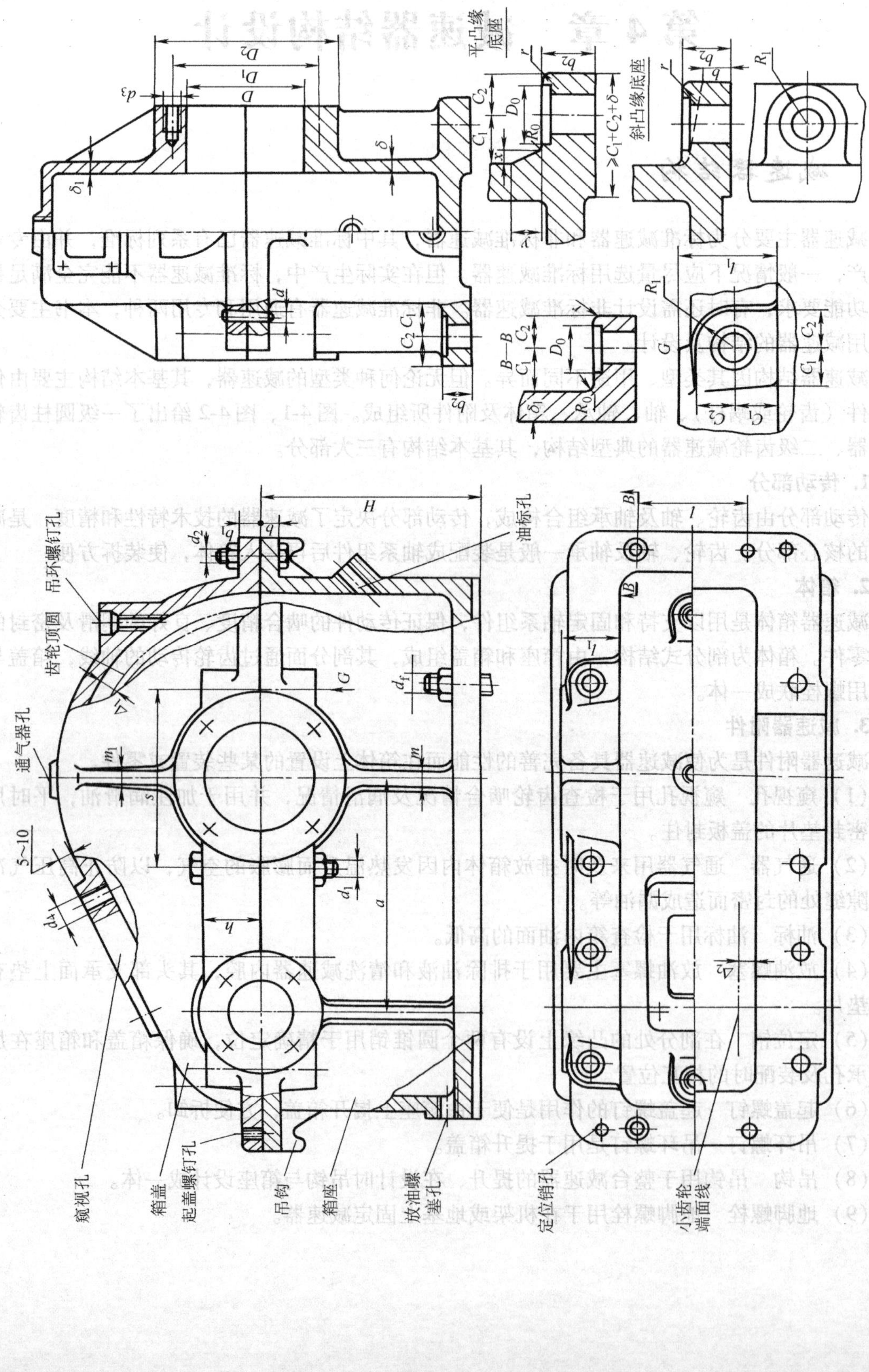

图4-1 一级圆柱齿轮减速器

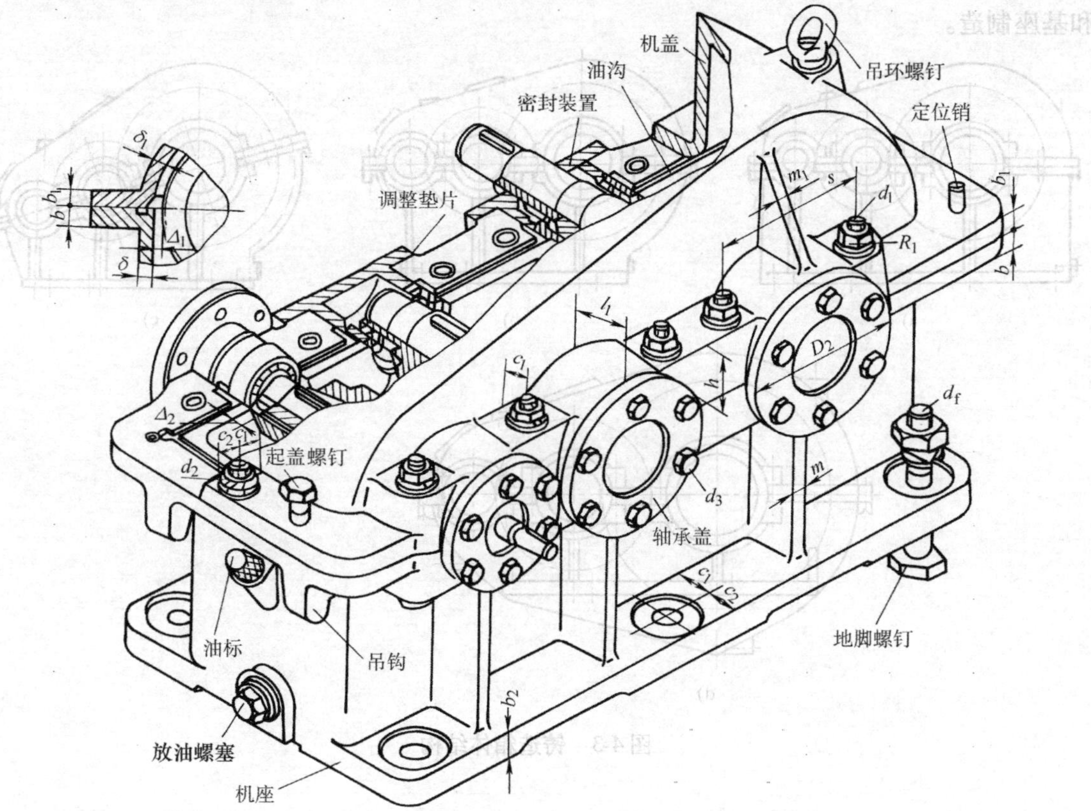

图 4-2　二级圆柱齿轮减速器结构图

4.2　箱体结构

箱体是减速器的重要组成部分，它是支持和固定轴系零件并保证传动件的啮合精度和良好润滑及轴系可靠密封的重要零件，其重量约占减速器总重的 30% ~50%，因此设计机体结构时必须综合考虑传动质量、加工工艺及成本等因素。

4.2.1　箱体的结构形式

按毛坯制造方法不同，箱体可分为铸造箱体与焊接箱体；按剖分与否可分为剖分式箱体和整体式箱体。

1. 铸造箱体和焊接箱体

减速器箱体多用 HT150 或 HT200 等灰铸铁铸造而成。对重型减速器，为了提高承受振动和冲击的能力，也可采用球墨铸铁（QT400-17、QT420-10）或铸钢（ZG270-500、2G310-570）制造。铸造箱体刚性好，易获得合理和复杂的外形。用灰铸铁制造的箱体易切削加工，但工艺复杂、制造周期长、重量大，适合于成批生产。

常见铸造箱体的结构形式如图 4-3 所示。其中，图 4-3a 为直壁式，图 4-3b、c 和 d 为曲壁式。前者结构简单，但较重；后者结构复杂，但较轻。图 4-3d 所示减速器的重心下移，提高了箱体刚性，同时使减速器伸出轴的中心高与外接机器（如电动机）一致，便于安装和基座制造。

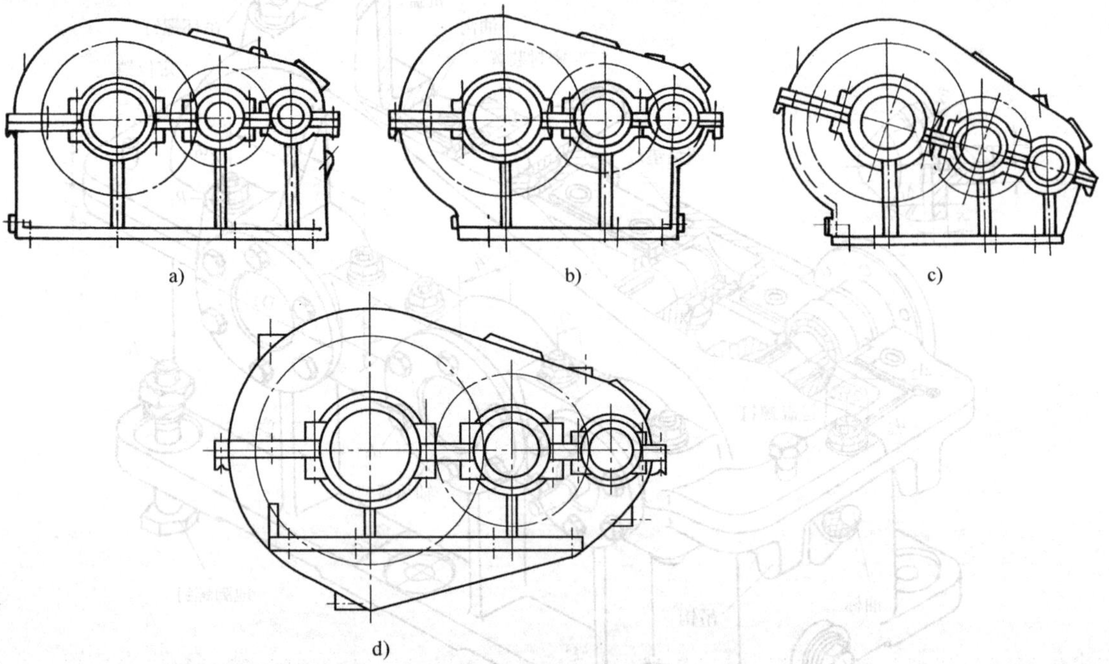

图 4-3　铸造箱体结构

在单件生产中，特别是大型减速器，为了减轻重量和缩短生产周期，箱体也可用 Q215 或 Q235 钢板焊接而成（图 4-4）。焊接箱体比铸造箱体一般轻 1/4-1/2，但焊接时易产生热变形，故要求较高的焊接技术和焊后作退火热处理以消除内应力。

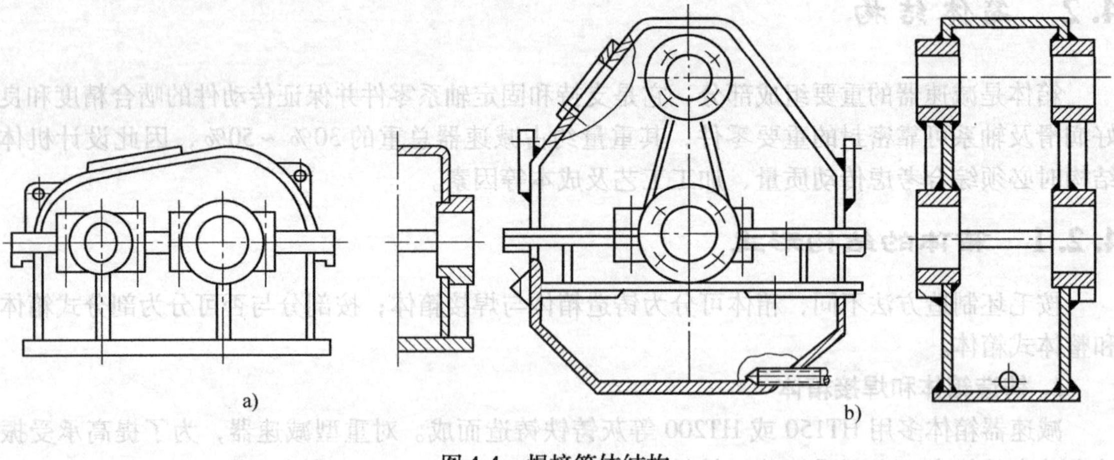

图 4-4　焊接箱体结构

2. 剖分式箱体和整体式箱体

为便于箱体内零件装拆，箱体多采用剖分式，其剖分面常与轴线平面重合，有水平式（图 4-3a、b、d）和倾斜式（图 4-3c）两种。前者加工方便，在减速器中被广泛采用；后者有利于多级齿轮传动的油面浸油润滑，但剖分处接合面加工困难，应用较少。对于小型圆锥齿轮或蜗杆减速器，为使结构紧凑，重量较轻，常采用整体式箱体，如图 4-5 所示。整体式箱体属无接合面螺栓联接，易于保证轴承与座孔的配合要求，但装拆及调整往往不如剖分式箱体方便。

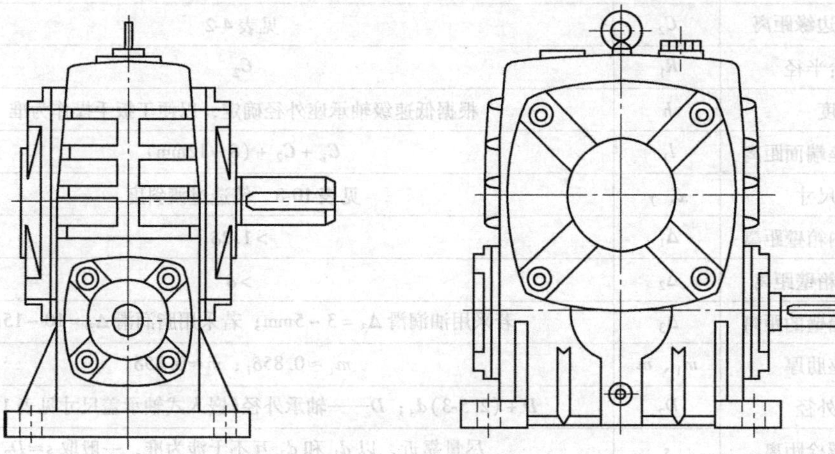

图 4-5　整体式箱体

4.2.2　箱体的结构尺寸

图 4-1、4-2 所示分别为一级圆柱齿轮减速器和二级圆柱齿轮减速器的典型结构。设计减速器的箱体结构时，可参考图 4-1、图 4-2 及表 4-1、表 4-2 确定铸造箱体各部分的尺寸。

表 4-1　铸造减速器箱体主要结构尺寸（图 4-1、图 4-2）

名　称	符号	圆柱齿轮减速器型式及尺寸关系		
		级	二　级	三　级
箱座壁厚	δ	$0.025a+1\text{mm}\geqslant 8\text{mm}$	$0.025a+3\text{mm}\geqslant 8\text{mm}$	$0.025a+5\text{mm}\geqslant 8\text{mm}$
箱盖壁厚	δ_1	$0.02a+1\text{mm}\geqslant 8\text{mm}$	$0.02a+3\text{mm}\geqslant 8\text{mm}$	$0.02a+5\text{mm}\geqslant 8\text{mm}$
箱盖凸缘厚度	b_1	$1.5\delta_1$		
箱座凸缘厚度	b	1.5δ		
箱座底凸缘厚度	b_2	2.5δ		
地脚螺钉直径	d_f	$0.036a+12\text{mm}$		
地脚螺钉数目	n	$a\leqslant 250\text{mm}$ 时，$n=4$ $a>250\sim 500\text{mm}$ 时，$n=6$ $a>500\text{mm}$ 时，$n=8$		
轴承旁联接螺栓直径	d_1	$0.75d_f$		
箱盖与箱座联接螺栓直径	d_2	$(0.5\sim 0.6)d_f$		
联接螺栓 d_2 间距	l	$150\sim 200$		
轴承端盖螺钉直径	d_3	$(0.4\sim 0.5)d_f$		
窥视孔盖螺钉直径	d_4	$(0.3\sim 0.4)d_f$		
定位销直径	d	$(0.7\sim 0.8)d_2$		
d_f、d_1、d_2 至外箱壁距离	C_1	见表 4-2		

（续）

名　称	符号	圆柱齿轮减速器型式及尺寸关系		
		一级	二级	三级
d_f、d_2 至凸缘边缘距离	C_2	见表 4-2		
轴承旁凸台半径	R_1	C_2		
凸台高度	h	根据低速级轴承座外径确定，以便于扳手操作为准		
外箱壁至轴承座端面距离	l_1	$C_1 + C_2 + (8 \sim 12\text{mm})$		
铸造过渡尺寸	x、y	见表 10-8　铸造过渡斜度		
大齿轮顶圆与内箱壁距离	Δ_1	$>1.2\delta$		
齿轮端面与内箱壁距离	Δ_2	$>\delta$		
轴承端面到内箱壁的距离	Δ_3	若采用油润滑 $\Delta_3 = 3 \sim 5\text{mm}$；若采用脂润滑 $\Delta_3 = 10 \sim 15\text{mm}$		
箱盖、箱座肋厚	m_1、m	$m_1 \approx 0.85\delta_1$；$m \approx 0.85\delta$		
轴承端盖外径	D_2	$D + (2.5\text{-}3)d_3$；D——轴承外径（嵌入式轴承盖尺寸见表 12-12）		
轴承旁联接螺栓距离	s	尽量靠近，以 d_1 和 d_3 互不干涉为准，一般取 $s \approx D_2$		

注：1. 多级传动时，a 取低速级中心距。

2. 焊接箱体的箱壁厚度约为铸造箱体壁厚的 0.7-0.8 倍。

表 4-2　C_1、C_2 值　（单位：mm）

螺栓直径	M6	M8	M10	M12	M14	M16	M18	M20	M22	M24	M27	M30
$C_{1\min}$	12	14	16	18	20	22	24	26	30	34	38	40
$C_{2\min}$	10	12	14	16	18	20	22	24	26	28	32	35
D_0	13	18	22	26	30	33	36	40	43	48	53	61
$R_{0\min}$	5					8				10		
$r_{\max}$	3						5			8		

4.2.3　箱体结构设计应考虑的问题

1. 箱体要具有足够的刚度

箱体刚度不足，会在加工和工作过程中产生过大的变形，引起轴承座孔中心线歪斜，使齿轮在传动中产生偏斜，从而降低传动精度，破坏减速器的正常工作。为避免箱体刚度不足采取的措施主要有。

（1）合理确定箱体的尺寸与形状　箱体的尺寸直接影响它的刚度，首先要确定合理的箱座壁厚 δ。在相同壁厚情况下，增加箱体底面积及箱体轮廓尺寸，可以增大抗弯扭的惯性矩，有利于提高箱体的整体刚性，如图 4-6 所示的两种不同轮廓尺寸的箱体，其刚性不同。

（2）增加轴承座处的壁厚　当轴承座孔采用凸缘式轴承盖时，由于安装轴承盖螺钉的需要，所确定的轴承座壁厚已具有足够的刚度。使用嵌入式轴承盖的轴承座时，一般应取与使用凸缘式轴承盖时相同的厚度。

（3）轴承座外设加强肋　加强肋厚度通常取壁厚的 0.85 倍。在箱体的受载集中处设置加强肋，可以明显提高局部刚度。一般减速器采用平壁式箱体加外肋板箱体结构，如图 4-7a 所示。大型减速器可以采用内肋箱体结构，如图 4-7b 所示；也可采用凸壁式箱体结构，它相当于双内肋板，如图 4-7c 所示，其刚度大，外形整齐，但制造较复杂。

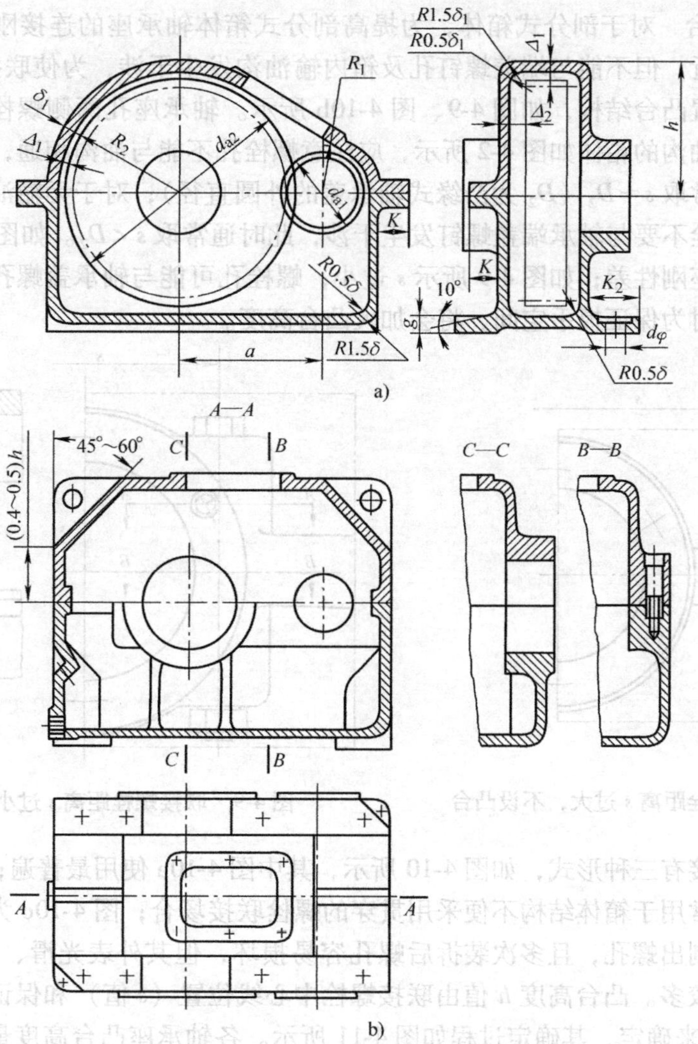

图 4-6　增大箱体轮廓尺寸以提高刚性

a）箱体轮廓尺寸较小，刚性较小　b）箱体轮廓尺寸较大，刚性较大

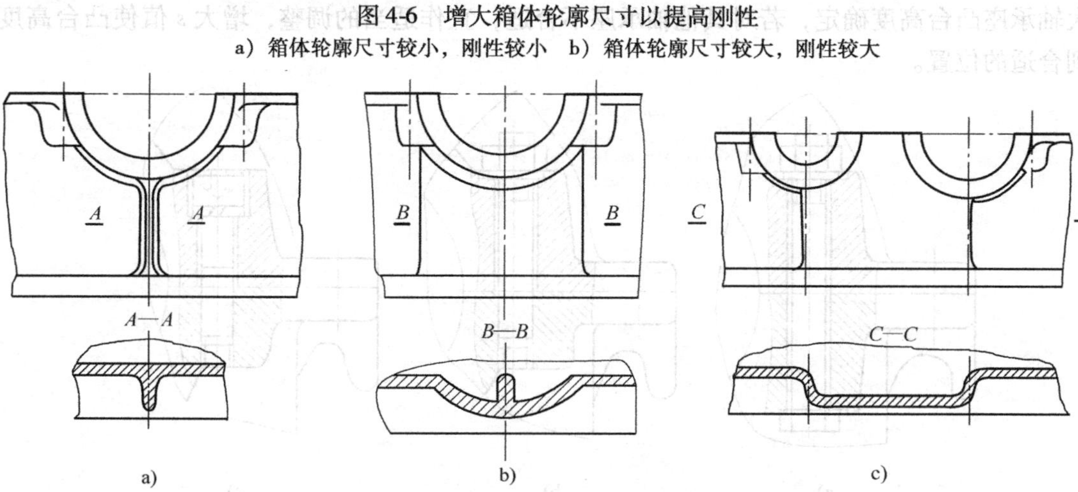

图 4-7　箱体加强肋结构

a）外肋　b）内肋　c）凸壁式箱体

（4）设置凸台　对于剖分式箱体，为提高剖分式箱体轴承座的连接刚度，轴承座两侧的螺栓应尽量靠近，但不能与端盖螺钉孔及箱内输油沟发生干涉，为使联接螺栓紧靠座孔，应在轴承座旁设置凸台结构，如图4-9、图4-10b所示。轴承座孔两侧螺栓距离 s 的确定有两种情况：有输油沟的箱体如图4-2所示，应注意螺栓孔不能与油沟相通，以免漏油和油沟失去供油作用，常取 $s \approx D_2$（D_2 为凸缘式轴承盖的外圆直径）；对于无输油沟的箱体，则应注意凸台联接螺栓不要与轴承端盖螺钉发生干涉，此时通常取 $s < D_2$。如图4-8所示 s 过大，不设凸台，轴承座刚性差；如图4-9所示 s 过小，螺栓孔可能与轴承盖螺孔干涉，还可能与输油沟干涉，同时为保证扳手空间，将会加大凸台高度。

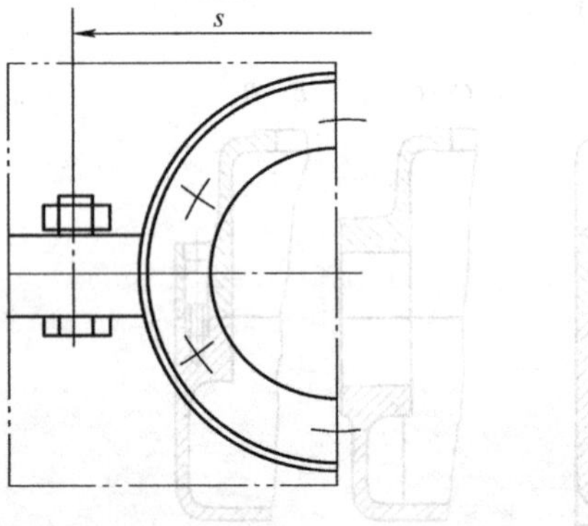

图4-8　联接螺栓距离 s 过大，不设凸台

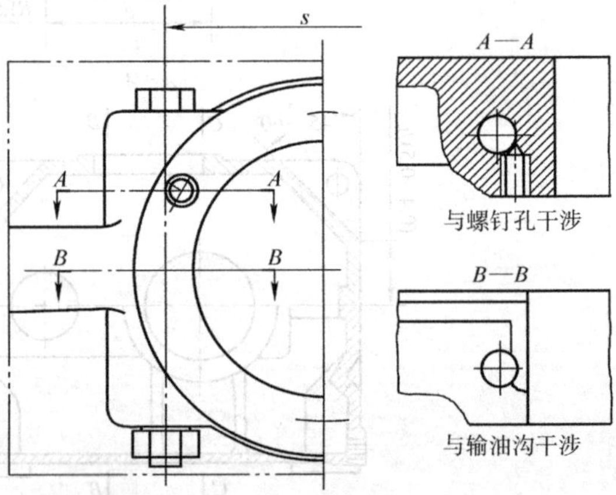

图4-9　联接螺栓距离 s 过小，有凸台

凸台螺栓联接有三种形式，如图4-10所示，其中图4-10a使用最普遍；图4-10b需在箱座上制出螺孔，常用于箱体结构不便采用贯穿的螺栓联接场合；图4-10c为内六角头螺钉联接，需在箱座上制出螺孔，且多次装拆后螺孔容易损坏，但其外表光滑、美观，尺寸紧凑，在减速器中使用较多。凸台高度 h 值由联接螺栓中心线位置（s 值）和保证装配时有足够扳手空间（C_1 值）来确定，其确定过程如图4-11所示。各轴承座凸台高度最好一致，并且按最大轴承座凸台高度确定，若对其他轴承座不合适，宜作适当的调整，增大 s 值使凸台高度降到合适的位置。

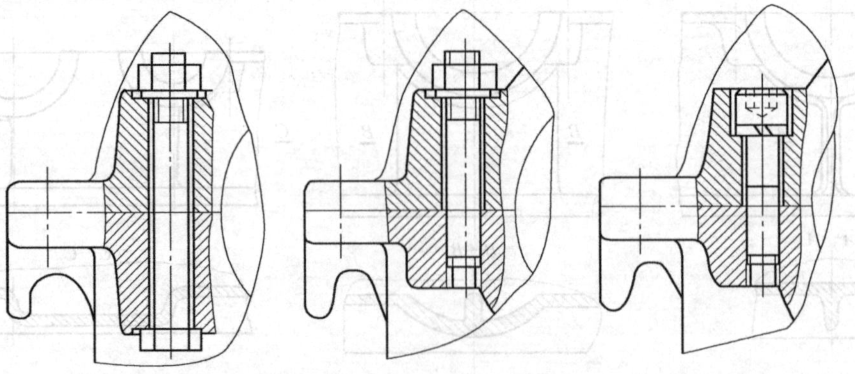

a)　　　b)　　　c)

图4-10　凸台的螺纹联接形式

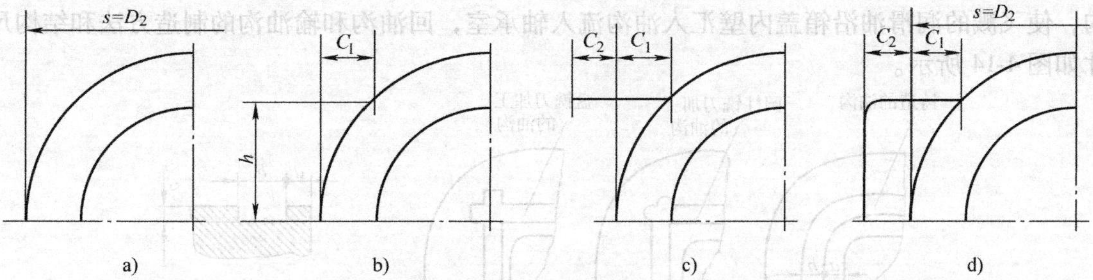

图 4-11　凸台高度的确定过程（箱体结构尺寸见表 4-1）

（5）凸缘应有一定厚度　箱盖和箱座的联接凸缘及箱座凸缘部应有足够的厚度，因为它们是承载传力的重要部分，所以要求较高的强度和刚度。为了保证箱座与箱盖的联接刚度，箱座与箱盖的联接凸缘应较箱壁 δ（δ_1）厚一些，约为 1.5δ（δ_1），如图 4-12a 所示。为了保证箱体底座的刚度，取底座凸缘厚度为 2.5δ，底面宽度 B 应超过内壁位置，一般 $B=C_1+C_2+2\delta$，C_1、C_2 为地脚螺栓扳手空间的尺寸，如图 4-12b 所示。图 4-12c 所示结构不合理。

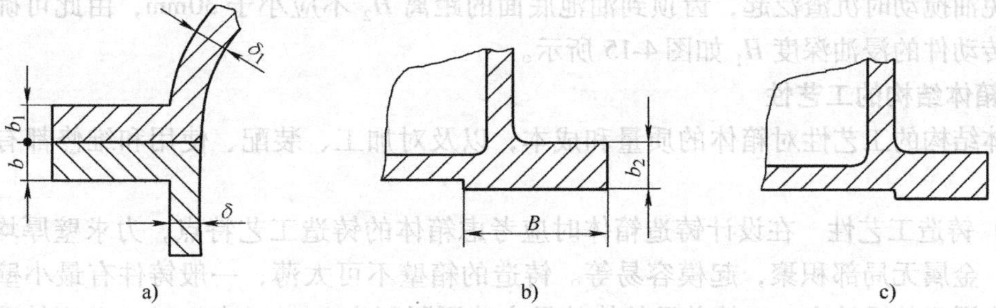

图 4-12　箱体联接凸缘及底座凸缘

a）$b_1=1.5\delta_1$　$b=1.5\delta$　b）$b_2=2.5\delta$　$B=C_1+C_2+2\delta$　c）结构不合理

2. 箱体剖分面的结构设计要求

剖分式箱体要求结合面有良好的密封性。为此接合面要有足够的宽度，接合面的几何精度和表面粗糙度应有一定的要求。为了提高接合面的密封性，在箱座联接凸缘上需铣出和铸出导油槽，使渗向接合面的润滑油流回油沟，重新流回到箱体内部，如图 4-13 所示。箱盖内壁与接合面衔接处应设置倒棱，如图 4-13 中的 A—A、B—B 剖视图。接合面凸缘上联接螺栓的间距，中小型减速器不大于 100 ~ 150mm，大型减速器可取 150-200mm，并应尽量采用对称布置。当减速器中滚动轴承采用飞溅润滑或刮板润滑时，常在箱座结合面上制出输油

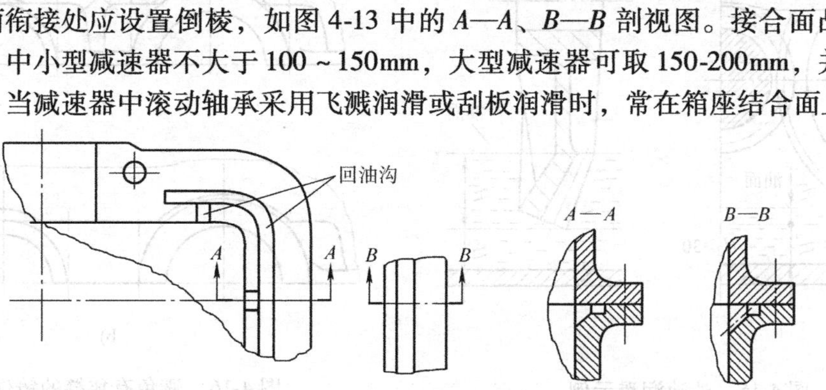

图 4-13　回油沟结构

沟，使飞溅的润滑油沿箱盖内壁汇入油沟流入轴承室，回油沟和输油沟的制造方法和结构尺寸如图 4-14 所示。

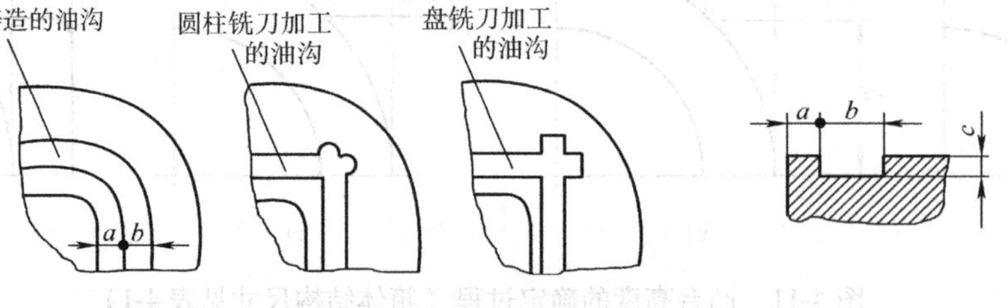

图 4-14 油沟形状及尺寸

$a=5\sim8$mm（铸造） $b=6\sim10$mm

$a=3\sim5$mm（机加工） $c=3\sim5$mm

3. 减速器结构设计应便于机体内零件的润滑、密封及散热

对于大多数减速器，由于其传动件的圆周速度 $v\leqslant12$m/s，故常采用浸油润滑（当速度 $v>12$m/s 时应采用喷油润滑）。因此，箱体内需有足够的润滑油，用以润滑和散热。同时，为了避免油搅动时沉渣泛起，齿顶到油池底面的距离 H_2 不应小于 30mm，由此可确定箱座高度，传动件的浸油深度 H_1 如图 4-15 所示。

4. 箱体结构的工艺性

箱体结构的工艺性对箱体的质量和成本，以及对加工、装配、使用和维修都有直接影响。

（1）铸造工艺性 在设计铸造箱体时应考虑箱体的铸造工艺特点，力求壁厚均匀，过渡平缓，金属无局部积聚，起模容易等。铸造的箱壁不可太薄，一般铸件有最小壁厚的限制。在本课程的设计中，对箱盖及箱体的最小壁厚限制为 8mm（表 4-1），砂型铸造圆角半径可取 $r\geqslant5$mm。铸造箱体的外形应简单，以使起模方便。铸件沿起模方向应有 1∶10～1∶20 的起模斜度，应尽量减少沿起模方向的凸起结构，以利于起模。箱体上应尽量避免出现狭缝，以免砂型强度不够，在浇注和起模时易形成废品。图 4-16a 中两凸台距离太小而形成狭缝，应将凸台连在一起，如图 4-16b 所示。

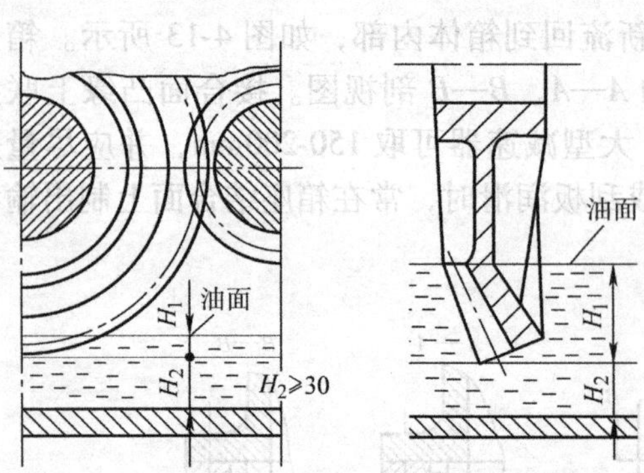

图 4-15 油池润滑示例

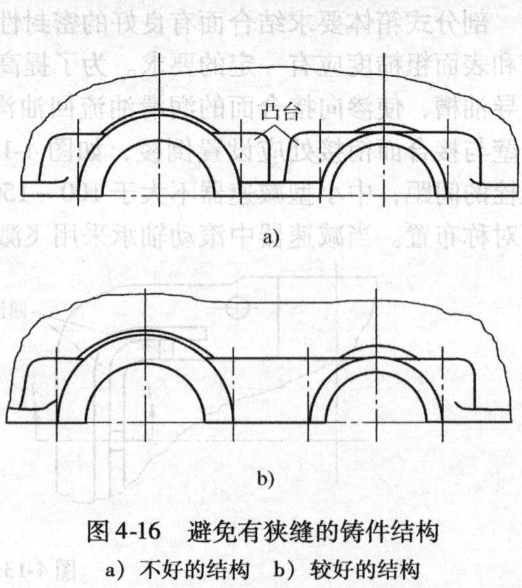

图 4-16 避免有狭缝的铸件结构

a）不好的结构 b）较好的结构

（2）机械加工工艺性　箱体结构形状应有利于减少加工面积。如图4-17a所示的箱体底面形状，是在与地基的结合处具有凸起结构，可减少加工面积。

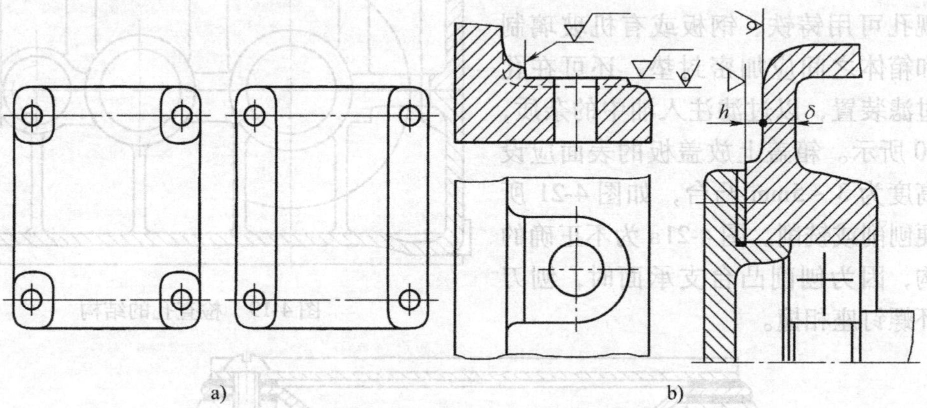

图4-17　加工表面与非加工表面应分开

a）箱体底面形状　b）凸台结构

设计时应考虑减少工件和刀具的调整次数，以提高加工精度和生产率。例如同一轴心线两轴承座孔径应尽量相同，以便一次镗出。

箱体上的加工面与非加工面应严格分开，并且不应在同一平面内，因此箱体与轴承端盖接合面、检查孔盖、通气器、油标和油塞接合处、与螺栓头部或螺母接触处都应做出凸台（凸起高度 $h=3\sim5$mm），如图4-17b所示。也可将与螺栓头部或螺母的接触面锪出沉头座坑，以使螺栓受力良好，避免偏心受载。图4-18所示为沉头座坑的加工方法，图4-18c、d所示是刀具不能从下方接近时的加工方法。

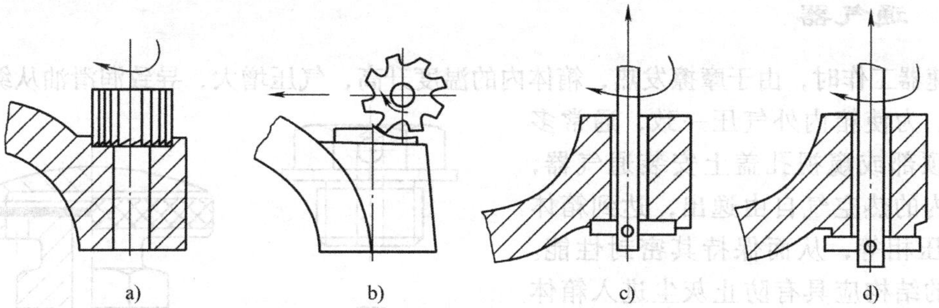

图4-18　沉头座坑的加工方法

4.3　减速器附件设计

4.3.1　窥视孔和窥视孔盖

窥视孔用于检查传动件的啮合情况、润滑状态、接触斑点及齿侧间隙，还可用来注入润滑油，故窥视孔应开在便于观察传动件啮合区的位置，其尺寸大小应便于检查操作，如图 4-19 所示。

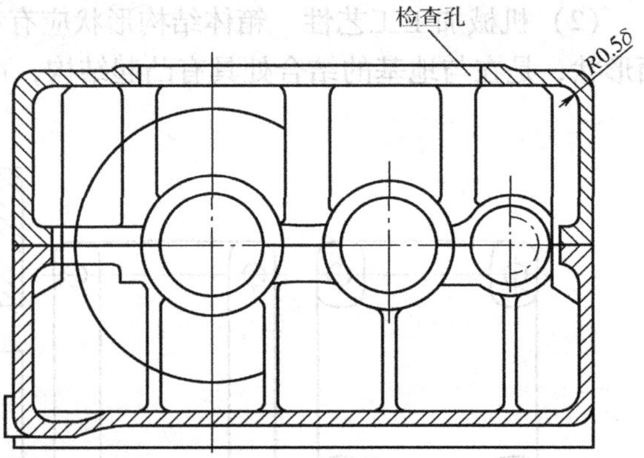

图 4-19 检查孔的结构

窥视孔可用铸铁、钢板或有机玻璃制成，它和箱体之间应加密封垫，还可在孔口处加过滤装置，以过滤注入油中的杂质，如图 4-20 所示。箱盖上放盖板的表面应设计一个高度为 3 ~ 5mm 凸台，如图 4-21 所示，以便刨削或铣削。图 4-21a 为不正确的凸台结构，因为刨削凸台支承面时，刨刀将与吊环螺钉座相撞。

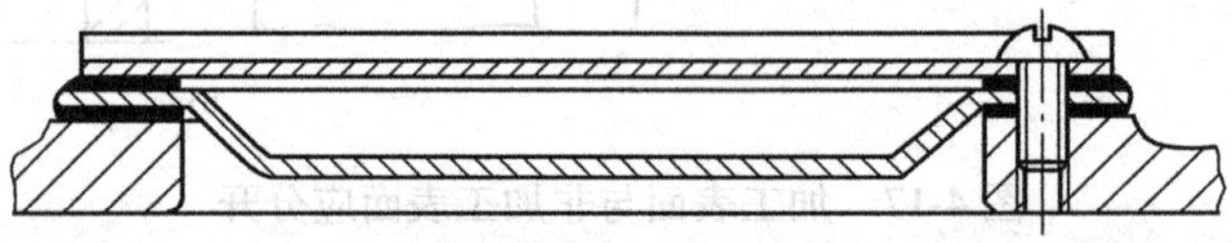
图 4-20 带有过滤网的检查孔

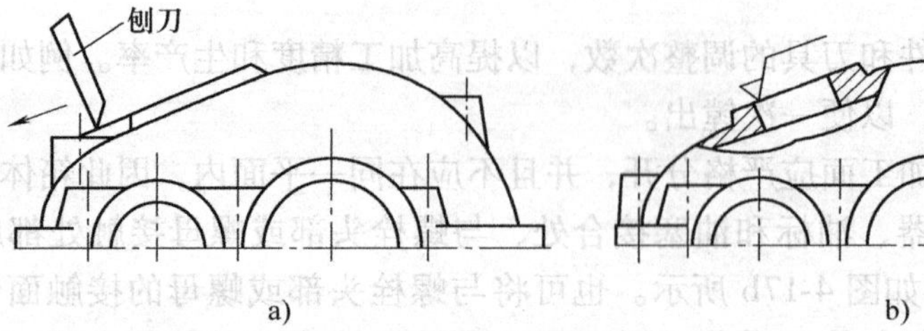

图 4-21 窥视孔凸台结构

a）不正确 b）正确

4.3.2 通气器

减速器工作时，由于摩擦发热，箱体内的温度升高，气压增大，导致润滑油从缝隙处向外渗漏。为使箱内外气压一致，通常多在箱盖顶部或窥视孔盖上安装通气器，使箱体内的热空气自由逸出，达到箱体内外气压相等，从而保持其密封性能。通气器的结构应具有防止灰尘进入箱体以及足够的通气能力。通气器的结构形式很多，图 4-22a 所示为简易的通气器，常用带孔螺钉制成，用于比较清洁的场合；图 4-22b 为性能较好的通气器，其内部做成各种曲路，并设有金属网，以防止灰尘进入。通气器的结构及尺寸可参考表 12-9、表 12-10。

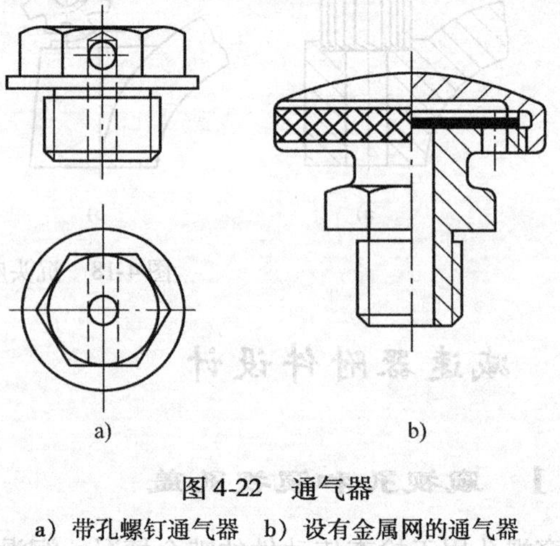

图 4-22 通气器

a）带孔螺钉通气器 b）设有金属网的通气器

4.3.3　油标

油标用来指示油面高度，为了检查减速器内的油面高度，应在箱体便于观察、油面较稳定的部位设置油标。对于多级传动则需将油标安置在低速级传动件附近；长期连续工作的减速器，在油标尺的外面常装有油标尺套，可以减轻油的搅油干扰，以便能在不停车的情况下随时检查油面。应设置在便于检查及油面较稳定之处（如低速级传动件附近）。

常有的油标有圆形油标、长形油标、管状油标和杆式油标。一般多用带有螺纹的杆式油标（图4-23），杆式油标结构简单，其上有刻线表示最高及最低油面。油标安置的部位不能太低，以防油进入油标座孔而溢出，其倾斜角度应便于油标座孔的加工（图4-24）及油标的装拆。各种油标的具体尺寸参数见表12-4～表12-6。

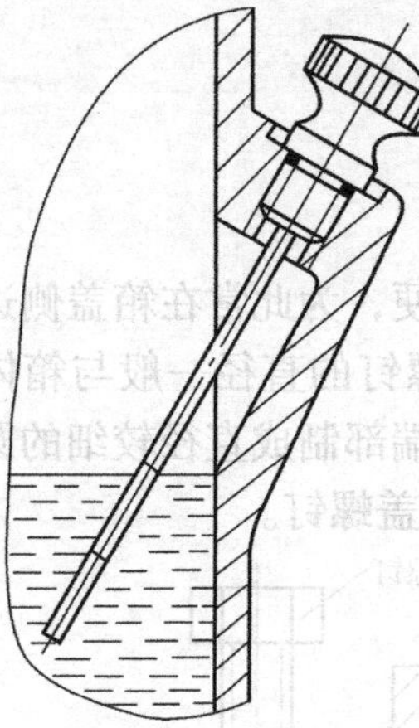

图4-23　杆式油标

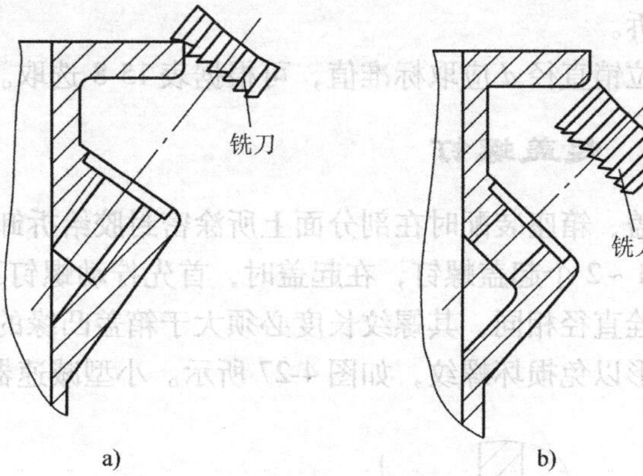

图4-24　油标安装位置的工艺性

a）不正确　b）正确

4.3.4　放油螺塞

为了换油及清洗箱体时排出油污，在箱座底部设有排油孔，平时排油孔用放油螺塞及封油垫封住。放油孔应设在箱座底面的最低处，常将箱体的内底面设计成向放油孔方向倾斜1°～1.5°，并在其附近做出一小凹坑，以便于攻螺纹及油污的汇集和排放并避免与其他机件相靠近，以便于排油。排油孔的箱壁上应制有凸台以便加工。图4-25所示为放油螺栓结构，图4-25a所示的结构工艺性较好，图4-25b所示的结构未开凹坑，加工工艺性差。放油螺塞常为六角头细牙螺纹，在六角头与放油孔的接触面处，应加封油圈密封，封油圈常用石棉橡

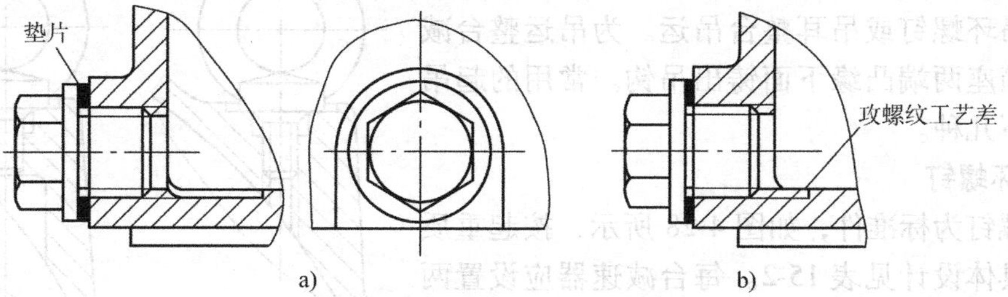

图4-25　放油螺栓的结构

a）油孔附近设有凹坑　b）油孔处没有凹坑

胶纸板或皮革制成，螺塞及封油圈的尺寸见表 12-7。

4.3.5 定位销

为确定箱座与箱盖的相互位置，保证轴承座孔的镗孔精度和装配精度，并保证减速器每次拆装后轴承座的上下半孔始终保持加工时的位置精度，应在箱盖和箱座的剖分面加工完成并用螺栓联接之后、镗孔之前，在箱盖和箱座的联接凸缘上配装两个定位销。定位销的位置应便于钻、铰加工，且不妨碍附近联接螺栓的装拆。两定位销应相距较远，且不宜对称布置，以提高定位精度。

定位销选圆锥销，其公称直径（小端直径）可取为（0.7～0.8mm）d_2，其中 d_2 为箱盖与箱座联接螺栓直径，其长度应稍大于箱盖和箱座联接凸缘的总厚度，如图 4-26 所示，以便于装拆。

定位销直径 d 应取标准值，可根据表 15-8 选取。

4.3.6 起盖螺钉

箱盖、箱座装配时在剖分面上所涂密封胶给拆卸箱盖带来不便，为此常在箱盖侧边的凸缘上装 1～2 个起盖螺钉，在起盖时，首先拧动螺钉顶起箱盖。螺钉的直径一般与箱体凸缘联接螺栓直径相同，其螺纹长度必须大于箱盖凸缘的厚度，螺钉端部制成直径较细的圆柱端或半圆形以免损坏螺纹，如图 4-27 所示。小型减速器也可不用起盖螺钉。

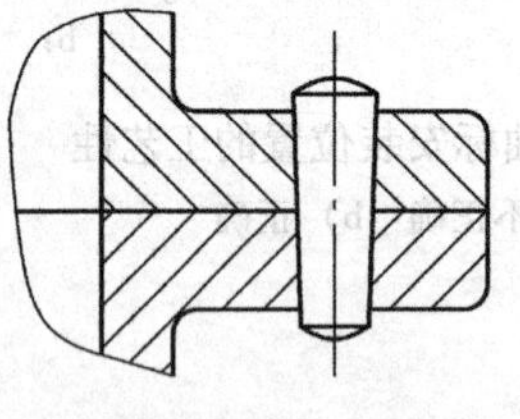

图 4-26 定位销结构

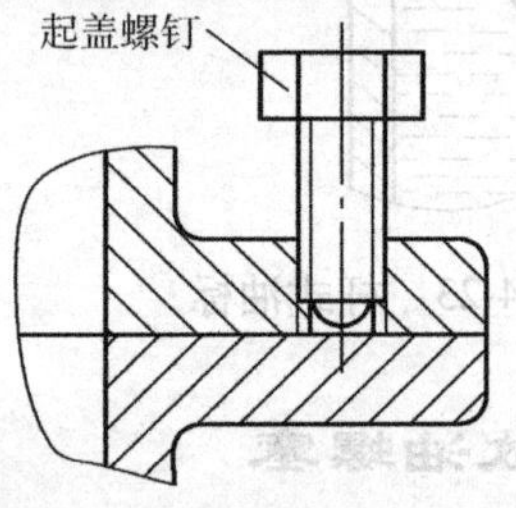

图 4-27 起盖螺钉结构

4.3.7 起吊装置

为了便于搬运减速器，应在箱体上设置起吊装置。为防止箱体接合面上各联接螺栓松动，吊环螺钉和吊耳一般用来吊运箱盖，而不允许吊运整台减速器，只有对重量不大的小型减速器，才允许用吊环螺钉或吊耳整台吊运。为吊运整台减速器，在箱座两端凸缘下面铸出吊钩。常用的起吊装置有如下几种。

1. 吊环螺钉

吊环螺钉为标准件，如图 4-28 所示，按起重质量选取，具体设计见表 15-2。每台减速器应设置两个吊环螺钉，将其旋入箱盖凸台上的螺孔中，吊环螺钉的凸肩应紧抵支承面。

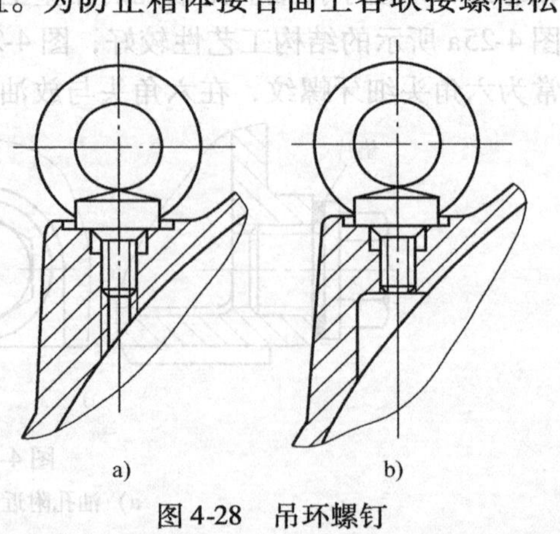

图 4-28 吊环螺钉

2. 吊耳、吊环、吊钩

比较简便的加工方法是在箱盖上直接铸出吊耳、吊环或吊钩，用以起吊或搬运整个箱体。其结构尺寸如表 4-3 所示。

表 4-3　吊耳、吊环、吊钩的结构和尺寸

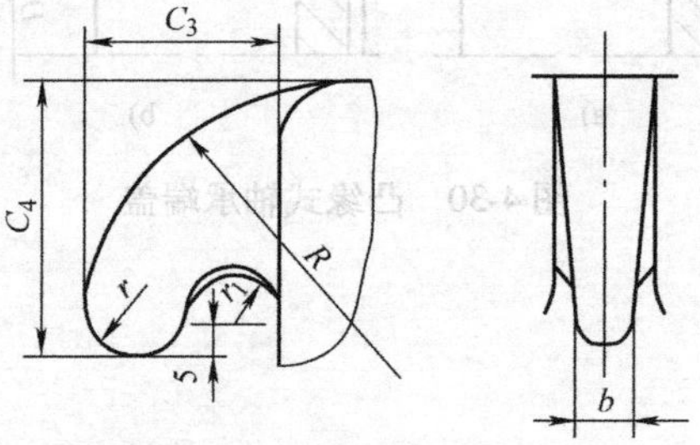	$C_3=(4\sim5)\delta_1$ $C_4=(1.3\sim1.5)C_3$ $b=(1.8\sim2.5)\delta_1$ $R=C_4$ $r_1\approx0.2C_3$ $r\approx0.25C_3$
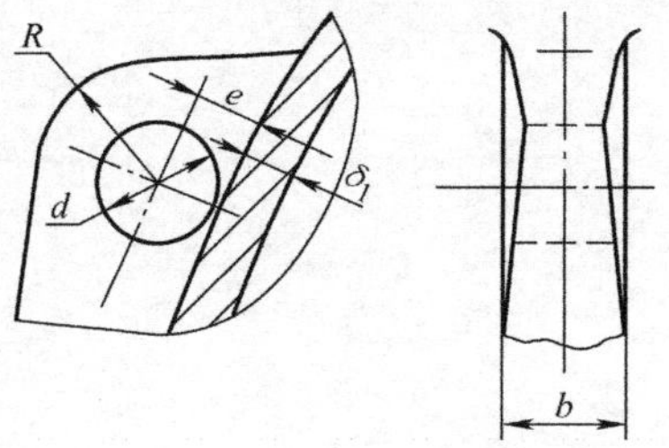	$d=b\approx(1.8\sim2.5)\delta_1$ $R\approx(1\sim1.2)d$ $e\approx(0.8\sim1)d$ δ_1——箱盖壁厚
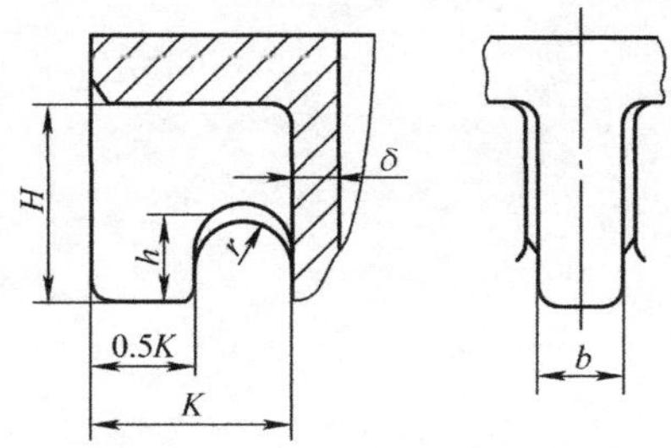	$K=C_1+C_2$ $H\approx0.8K$ $h\approx0.5H$ $r\approx0.25K$ $b\approx(1.8\sim2.5)\delta$ δ——箱座壁厚

4.3.8　轴承端盖

轴承端盖主要用来固定轴承、承受轴向力，以及调整轴承间隙。轴承端盖有嵌入式（图 4-29）和凸缘式（图 4-30）两类，设计时其具体尺寸见表 12-11、表 12-12。

嵌入式轴承端盖结构简单、密封性能差，调整间隙不方便，只适用于深沟球轴承（不用调整间隙）。如用于角接触轴承时，应增加调整垫片，如图 4-29 所示。

凸缘式轴承端盖的密封性能好，调整轴承间隙方便，因此使用较多。这种端盖大多采用铸铁件，设计制造时要考虑铸造工艺性，尽量使整个端盖的厚度均匀。当端盖较宽时，为减少加工量，可对端部进行加工，使其直径 $D'<D$，但端盖与箱体的配合段必须保留足够的长度 l，否则拧紧螺钉时容易使端盖歪斜，一般取 $l=(0.1\sim0.15)D$，如图 4-30 所示。

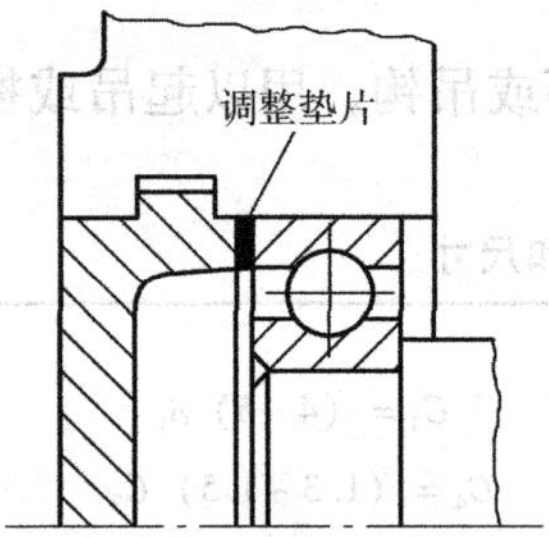

图 4-29 嵌入式轴承端盖

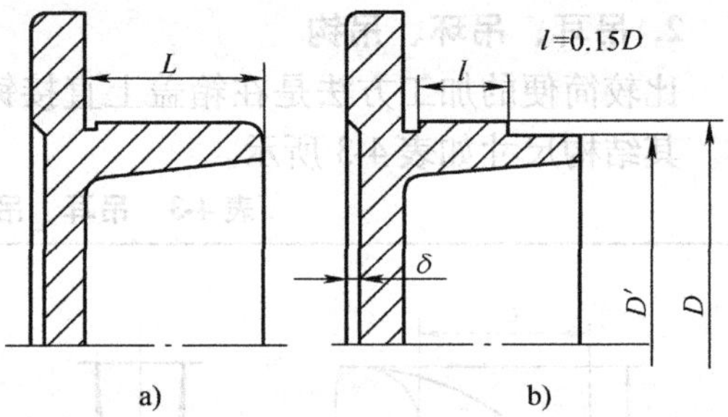

图 4-30 凸缘式轴承端盖

第 5 章　轴系部件的设计

5.1　轴的结构设计及强度校核

5.1.1　轴的结构设计

轴的结构设计就是要根据轴的具体工作条件，确定出轴的合理形状和结构尺寸。

减速器中的轴在工作时既受弯矩又受转矩，属于转轴。其结构应保证：轴和轴上的零件有准确的工作位置；便于轴上零件的安装和调整；具有良好的制造工艺性等。因此，多采用阶梯轴。

1. 径向尺寸的确定

（1）定位轴肩的高度　定位轴肩用于定位轴上零件或承受轴向力，如图 5-1 所示。其轴肩高度 h 值要大一些，一般取 $h \geqslant (2\sim3)+C$ 或 $h \geqslant (2\sim3)+r$。其中，C 和 r 分别为被定位零件孔的倒角和圆角半径。应该特别注意的是，用于定位滚动轴承的轴肩高度，必须按轴承标准查阅表 11-1 ~ 表 11-4 进行确定。

（2）非定位轴肩的高度　非定位轴肩主要是为了轴上零件的拆装方便或区分加工表面而设置的，如图 5-1 所示，其值 h_1 可小一些，一般可取 $h_1 = 1\sim3\text{mm}$。

（3）轴颈处的直径　轴颈是轴与轴承相配合的部位，确定该部分尺寸时，要考虑与之相配合的滚动轴承的类型和尺寸。在初选轴承型号时，该尺寸已被确定。应该注意的是，同一轴上的轴承型号尽可能相同。

（4）其他部分轴段的直径　需要车制螺纹的轴段，应留出螺纹退刀槽；需要磨削的轴段，应在相应轴段留出砂轮越程槽，如图 5-2 所示，其尺寸可参看表 10-10、表 10-11。

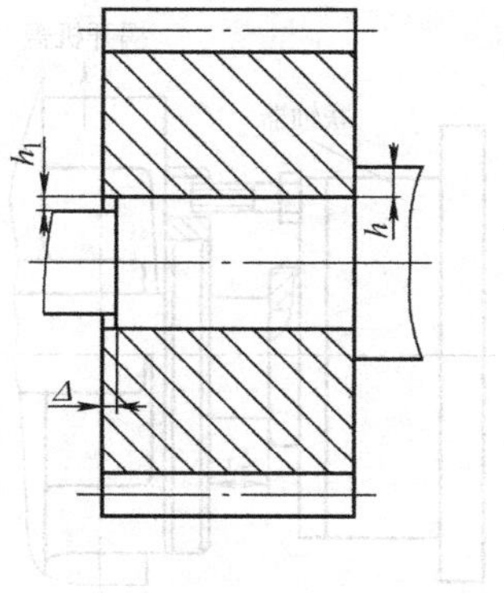

图 5-1　定位轴肩与非定位轴肩

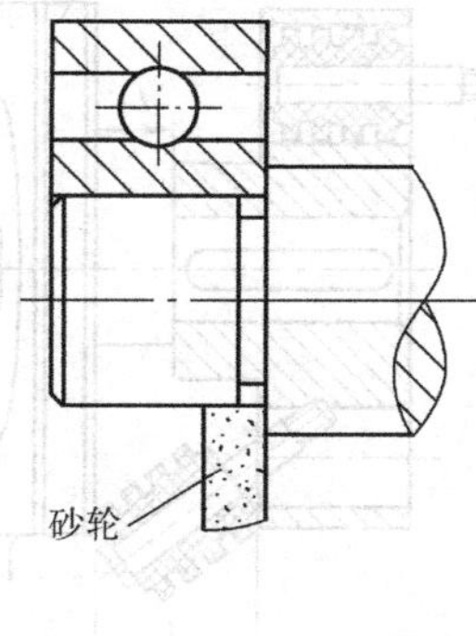

图 5-2　砂轮越程槽

另外，与其他零件相配合的轴段，其直径应取标准直径系列。

2. 轴向尺寸的确定

（1）与传动零件相配合轴段的尺寸　为了保证传动零件的定位可靠，该轴段的长度应比与之相配合的轮毂宽度小（$\Delta = 1 \sim 3\text{mm}$），如图 5-1 所示。

（2）安装键轴段的尺寸　为了便于装配，应使键槽靠近传动零件装入的一侧，如图 5-3 所示。

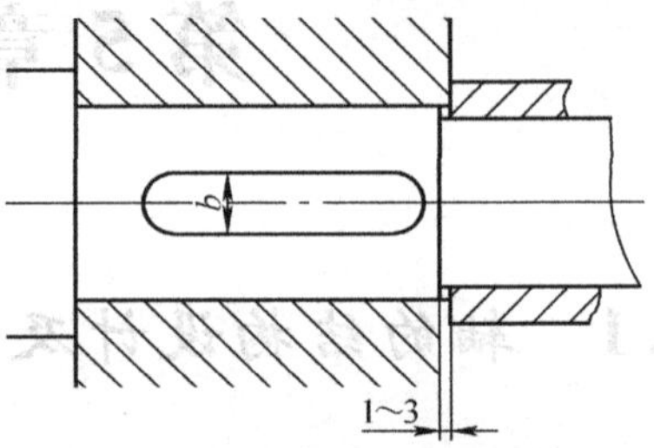

图 5-3　有键槽轴段的尺寸

（3）安装轴承轴段的尺寸　安装轴承轴段的长度与轴承的润滑方式有关。若采用油润滑，则应使轴承内侧端面与箱体内壁间有 $\Delta_3 = 3 \sim 5\text{mm}$ 的距离，如图 5-4a 所示；若采用脂润滑，为了防止润滑油溅入轴承而带走润滑脂，需在轴承内侧放置挡油环，该情况下，应使轴承内侧端面与箱体内壁间有 $\Delta_3 = 10 \sim 15\text{mm}$ 的距离，如图 5-4b 所示。

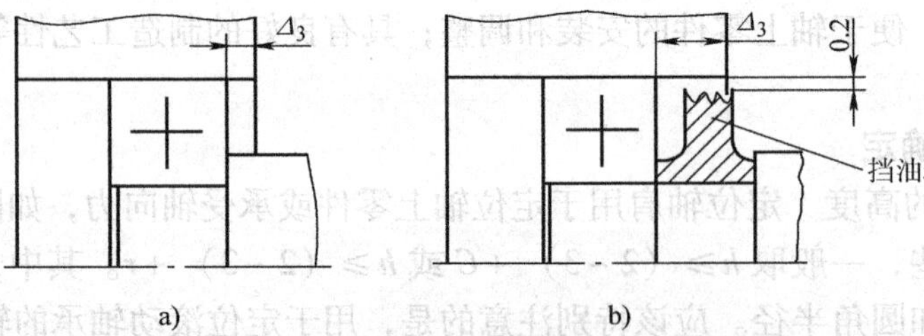

图 5-4　轴承在轴承座孔中的位置

（4）外伸轴段的尺寸　轴伸出减速器箱体外的长度，与外接零件和轴承盖的结构有关。若外接零件为弹性套柱销联轴器，轴承盖采用凸缘结构，则轴外伸长度 L_1 的大小，可由联轴器的尺寸 A（参看第 12 章）和轴承盖的凸缘厚度等尺寸换算得到，如图 5-5a 所示；若外接零件为传动零件或其他类型的联轴器，为了在不拆卸外接零件的情况下，就能拆装轴承盖的螺钉，则轴外伸长度 L_1 的大小必须满足该螺钉的拆装空间要求，如图 5-5b 所示；若采用嵌入式轴承盖，则尺寸 L_1 的大小不需考虑轴承盖的厚度尺寸和螺钉的拆装要求。

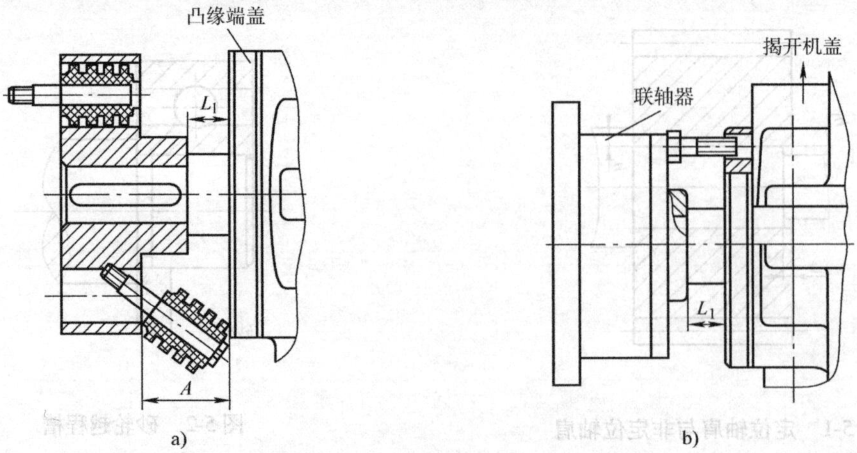

图 5-5　联轴器的装配尺寸关系

5.1.2　轴的强度校核

减速器的轴一般按弯扭合成强度校核计算。其步骤如下。

1. 对轴进行受力分析、绘制弯矩图和扭矩图

轴的结构确定后，可根据轴上传动零件的位置和轴承位置及类型，确定轴的受力作用点和支反力作用点的位置，绘制轴的受力简图、计算各力的大小，绘出弯矩图和扭矩图。详细过程请参阅教材有关内容。

2. 校核轴的强度

根据轴的结构尺寸、应力集中的大小以及弯矩图和扭矩图，判断出危险截面（一个或几个），计算其弯扭合成疲劳强度并校核之（参阅教材有关内容）。

5.2　键的类型和型号选择

5.2.1　键的类型

键分为平键、半圆键、楔键和切向键等类型。按其用途不同，平键又分为普通平键、导向平键和滑键三种。普通平键按其端部形状不同，分为圆头键（A型）、平头键（B型）和半圆头键（C型），减速器中大多采用普通平键联接。

5.2.2　键型号的选择

键是标准件，设计时先根据工作要求选择键的类型（详见教材），再根据轴径选择键的尺寸。

键的尺寸有：键宽 b、键高 h 和键长 L（表15-9）。键宽 b 和键高 h 根据键所在轴段的轴径选取。键长 L 根据被联接的轮毂宽度选取，通常键长比轮毂宽度小5～10mm，并取标准长度系列。

5.3　滚动轴承的型号选择

滚动轴承的型号选择包括轴承类型的选择、轴承尺寸及精度等级的选择。

5.3.1　轴承类型的选择

选择轴承类型的主要依据是轴承的受载情况、转速大小以及安装、拆卸要求等。选择时可从以下几个方面考虑。

1. 载荷的性质、大小和方向

1）受冲击载荷时宜选择滚子轴承，反之宜选用球轴承。

2）载荷较大时宜选用滚子轴承；载荷较小时宜选用球轴承。

3）只受径向载荷时宜选用深沟球轴承、圆柱滚子轴承等向心轴承；只受轴向力时宜选用推力轴承。

4）同时受较大的径向和轴向载荷或较大的轴向载荷和较小的径向载荷时，宜选用接触角大的角接触球轴承或圆锥滚子轴承；若径向载荷大而轴向载荷小，则可选用深沟球轴承或接触角小的角接触球轴承。

2. 转速的高低

转速高时宜选用球轴承；转速低时可选用滚子轴承。

3. 调心性能要求

对于两轴承孔的跨距较大，或轴受载后弯曲变形较大，或多支点支撑等情况，为使轴正常运转，宜选用调心轴承。

4. 拆装要求

对于需要经常拆卸或装拆困难的轴承，宜选用内外圈可分离结构的轴承。

表5-1列出了减速器中常用轴承的类型、特点及适用条件，可供选用时参考。

表5-1 减速器中常用轴承类型、特点及适用条件

名　称	代　号	可承受的负荷方向	特点及适用条件
深沟球轴承	60000	可承受较大的径向载荷和一定的双向轴向载荷	结构简单，使用方便，摩擦阻力小，极限转速高，应用广泛。承受冲击载荷的能力差 适用与主要承受径向载荷、高速和刚性较大的轴上
角接触球轴承	70000C（$\alpha=15°$） 70000AC（$\alpha=25°$） 70000B（$\alpha=40°$）	可同时承受轴向和径向载荷，也可承受纯轴向载荷	可同时承受径向和轴向载荷 通常用于刚性好、转速高同时承受径向和轴向载荷的轴上。一般成对使用、对称安装
圆锥滚子轴承	30000	可同时承受径向和较大的轴向载荷，也可承受纯轴向载荷	内外圈可分离，安装方便，内部游隙可调，摩擦阻力大，极限转速低。应用广泛
圆柱滚子轴承	N0000	只能承受径向载荷	承载能力大，承受冲击载荷的能力高。内外圈可分离，安装方便。但对轴的弯曲变形适应性差
推力球轴承	51000	只能承受单向轴向载荷	极限转速低，用于承受单向轴向载荷的轴

5.3.2 轴承尺寸的选择

同一类型同一内径的轴承，随其外径和宽度尺寸的不同，其承载能力也不同。选择轴承尺寸时，要计算承载能力（计算方法可参阅教材有关内容），按承载能力确定轴承尺寸。步骤如下。

1）根据轴颈处的直径大小初步确定轴承内径尺寸，同时初步选择具有中等承载能力的外径尺寸和宽度尺寸（也可同时选择几个型号），查出该（这些）轴承的基本额定动载荷值C_r。

2）计算轴承所受的径向载荷、轴向载荷及当量动载荷。

3）根据轴承寿命要求计算轴承所需要的基本额定动载荷C_r'（见教材）。

4）比较 C_r 和 C'_r 大小，若 C_r 接近并大于 C'_r，则说明所选轴承尺寸合适；否则，需根据承载要求重新选择外径尺寸系列或宽度尺寸系列。若仍不合适或结构不允许，则需重新选择轴承类型或改变轴颈尺寸。

应该注意的是，在选择单个轴承型号时，必须同时考虑轴承在轴上的定位、轴颈与轴承孔同轴度的保证以及轴热膨胀的补偿等问题。

5.3.3　轴承精度等级的选择

普通减速器中，一般采用 0 级精度的轴承。

5.4　滚动轴承的组合设计

5.4.1　滚动轴承的轴向固定（见《机械设计基础》）

5.4.2　滚动轴承的周向固定（见《机械设计基础》）

5.4.3　轴承组件的轴向定位和游隙调整

轴承组件的轴向定位和游隙调整的目的，是保证轴系的固定，把轴向载荷传递到机座上，使轴上零件不发生窜动，并保证轴承灵活运转及轴热伸长后可有少许的游动。

轴的两端支撑结构常有三种形式。

1. 两端固定

如图 5-6 和图 5-7 所示，轴的两个支撑的轴承外圈分别作单向固定，从而实现轴系的轴向定位。图 5-6 中为两个深沟球轴承，在轴承与轴承盖之间留有适量的间隙 Δ，一般取 $\Delta = 0.2 \sim 0.4$mm，间隙的大小可通过调整垫片 1 的厚度来控制。图 5-7 中为两个圆锥滚子轴承，游隙的大小可通过调整轴承外圈的轴向位置控制。这种支承形式在支点跨距小于 300mm 的减速器中应用较多。

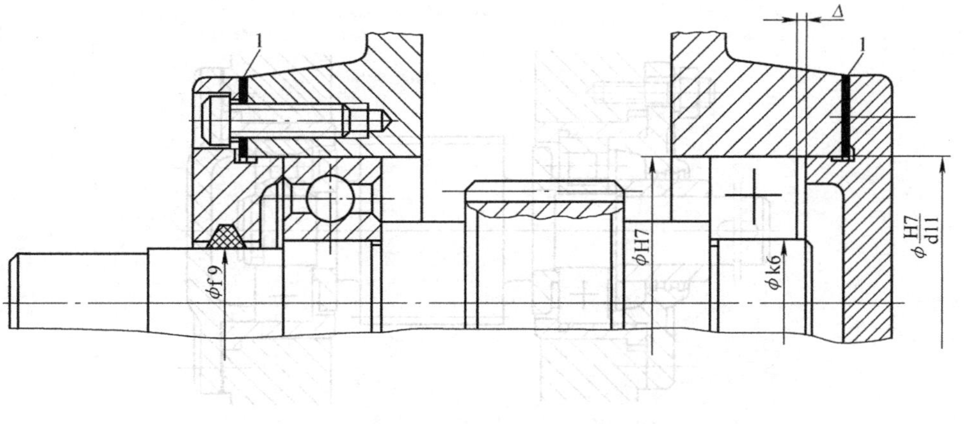

图 5-6　用深沟球轴承的两端固定的结构

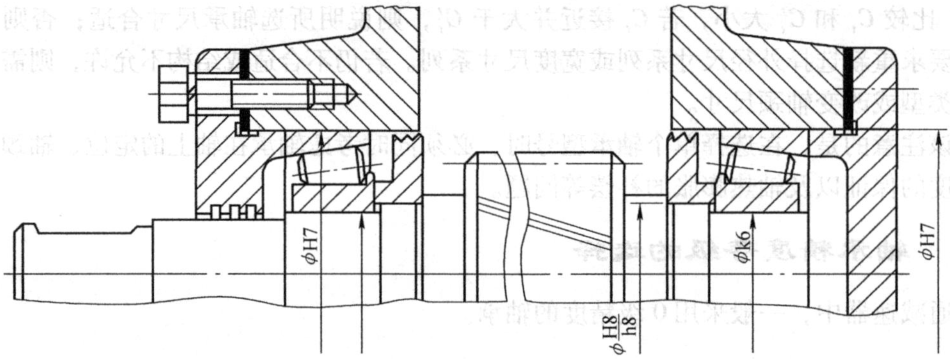

图 5-7　用圆锥滚子轴承的两端固定的结构

2. 一端固定，一端游动

如图 5-8 所示，两轴承均采用深沟球轴承，右轴承内外圈双向固定，左轴承则可轴向游动，游动端的轴承外圈与端盖间留有足够的间隙 c，以便于轴的热伸长。若游动端采用圆柱滚子轴承，则轴承与端盖间不必留有间隙，如图 5-9 所示。该支承形式适合两支承点跨距大于 350mm 的轴。

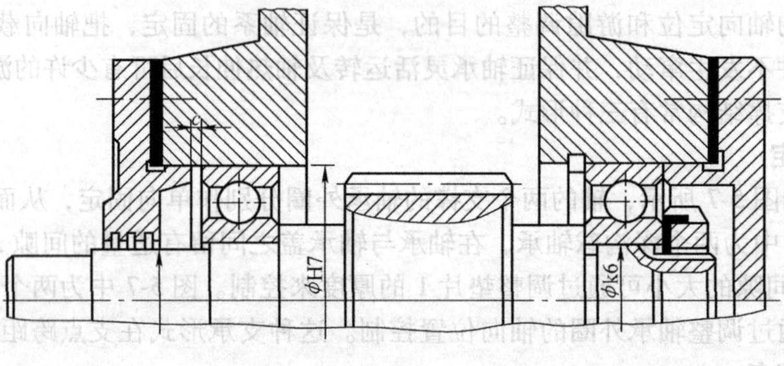

图 5-8　用深沟球轴承的一端固定一端游动的结构

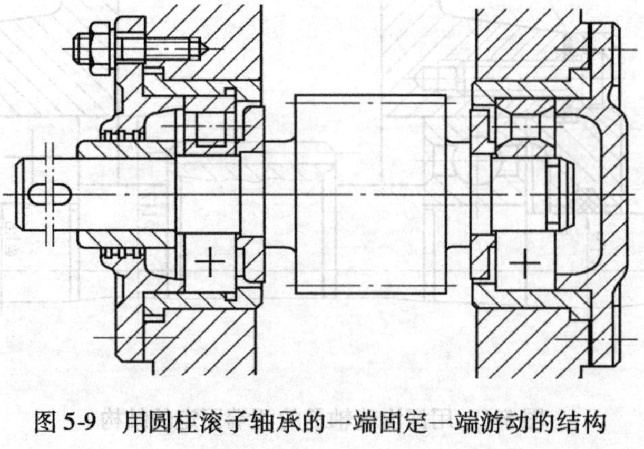

图 5-9　用圆柱滚子轴承的一端固定一端游动的结构

3. 两端游动（见教材）

5.4.4　轴承组件的润滑和密封

1. 轴承组件的润滑

滚动轴承常采用润滑脂或润滑油进行润滑。可根据轴承内径 d 和转速 n 的乘积选择润滑剂的种类（详见教材）。

（1）脂润滑　当浸油齿轮的圆周速度小于 2m/s 或 $dn \leqslant 2 \times 10^5 \mathrm{mm \cdot r/min}$（$d$ 为轴承内径，n 为轴转速）时，宜采用脂润滑。采用脂润滑时，为防止减速器箱体里的油飞溅到轴承内，与润滑脂混合而使润滑脂变质，应在轴承面向箱体内壁一侧，加挡油环，如图 5-10 所示。润滑脂的装填量不应超过轴承空间的 1/2～1/3。

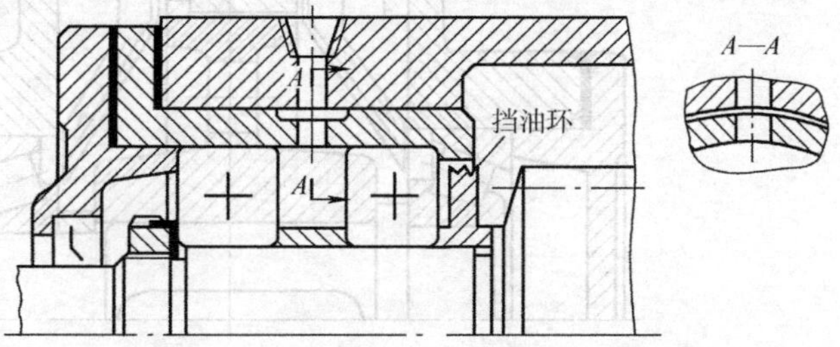

图 5-10　脂润滑轴承的注油孔与挡油环

（2）油润滑　滚动轴承常用的油润滑方式有以下几种。

1）浸油润滑：当轴承位置较低时，可使轴承局部浸入箱体的油中进行润滑，如图 5-11 所示。油面不应高于最低一个滚动体的中心。为保证两个轴承都润滑良好，应在两个轴承内侧安装挡油环（图 5-11）。

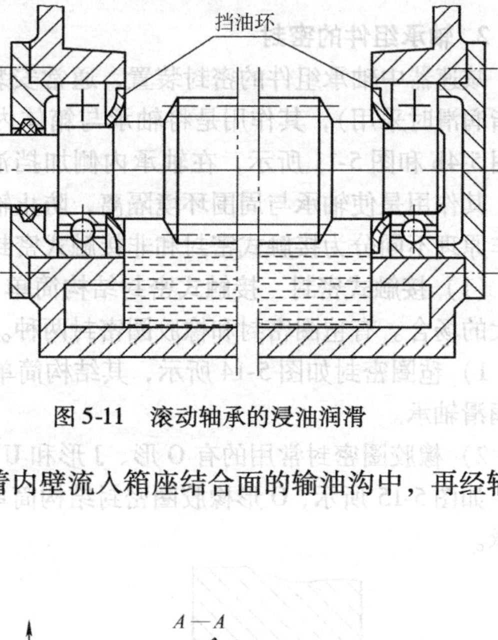

图 5-11　滚动轴承的浸油润滑

2）飞溅润滑：当轴上的传动零件浸入箱体内的油中时，可利用该传动件把油池中的油溅到箱盖内壁上，润滑油顺着内壁流入箱座结合面的输油沟中，再经轴承端盖的槽进入轴承进行润滑，如图 5-12 所示。

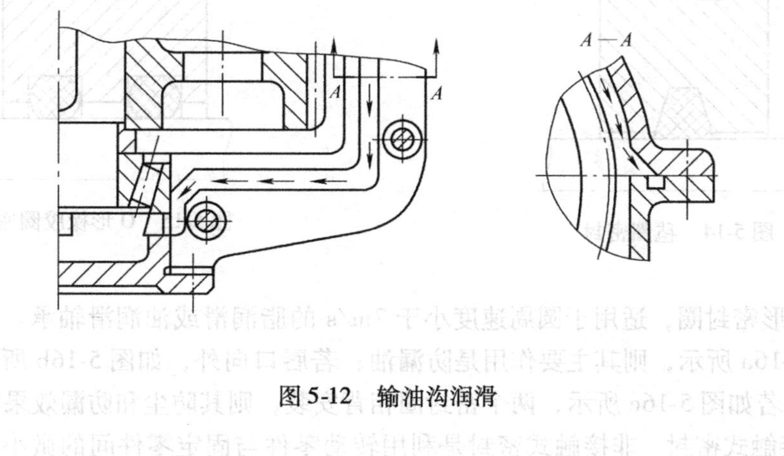

图 5-12　输油沟润滑

3）刮油板润滑：当浸入油中的传动件的圆周速度低于 2m/s 时，溅油效果较差，为保证可靠润滑，可采用刮油板装置将油从传动件端面上刮下来，导入油沟并流入轴承，如图 5-13 所示。

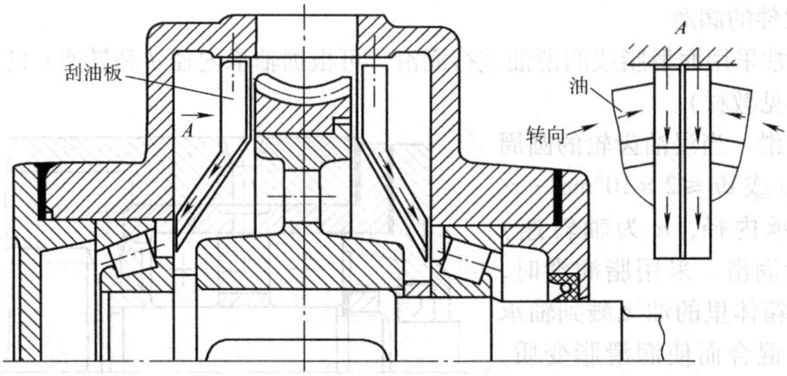

图 5-13　刮油板装置

2. 轴承组件的密封

减速器中轴承组件的密封装置，通常安装在两个部位，一是各轴轴承的内侧（只在采用脂润滑时采用），其作用是将轴承与箱体内部隔开，防止箱内润滑油与轴承润滑脂混合，如图 5-4b 和图 5-11 所示，在轴承内侧加挡油板；二是在输入轴和输出轴外伸端的轴承外侧，其作用是使轴承与周围环境隔离，防止轴承润滑剂的漏失和箱外杂物的侵入。后者根据工作原理不同分为接触式密封和非接触式密封两种。

（1）接触式密封　接触式密封结构简单，但轴与密封件之间有摩擦，适用于圆周速度不大的场合。有毡圈密封和橡胶圈密封两种。

1）毡圈密封如图 5-14 所示，其结构简单，价格低廉，适用于圆周速度小于 4～5m/s 的脂润滑轴承。

2）橡胶圈密封常用的有 O 形、J 形和 U 形三种。其密封效果优于毡圈密封。

如图 5-15 所示，O 形橡胶圈密封结构简单，密封性能好，适用于圆周速度小于 3m/s 的轴承。

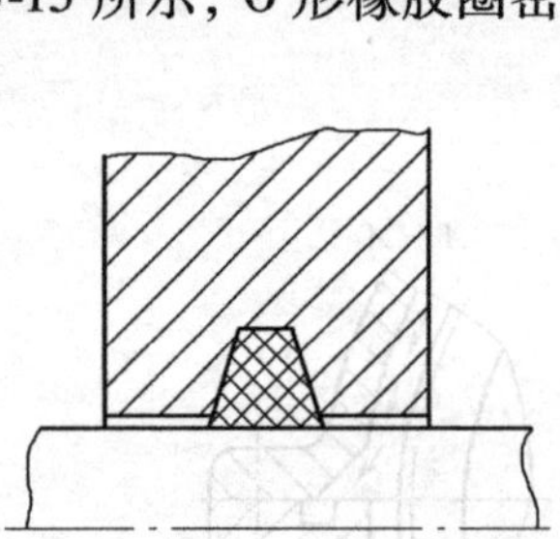

图 5-14　毡圈密封

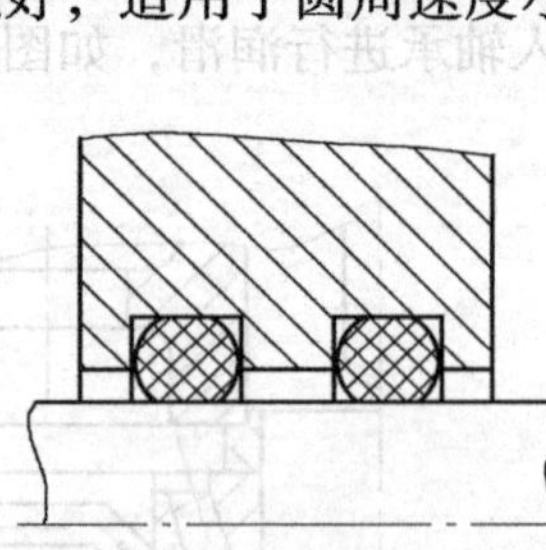

图 5-15　O 形橡胶圈密封

J 形和 U 形密封圈，适用于圆周速度小于 7m/s 的脂润滑或油润滑轴承。安装时若唇口向内，如图 5-16a 所示，则其主要作用是防漏油；若唇口向外，如图 5-16b 所示，则其主要作用是防尘；若如图 5-16c 所示，两个密封圈相背安装，则其防尘和防漏效果都很好。

（2）非接触式密封　非接触式密封是利用转动零件与固定零件间的微小间隙，并在间隙中充满润滑脂而产生密封作用。非接触式密封的特点是，不受轴的圆周速度的限制。有环槽式和迷宫式两种。

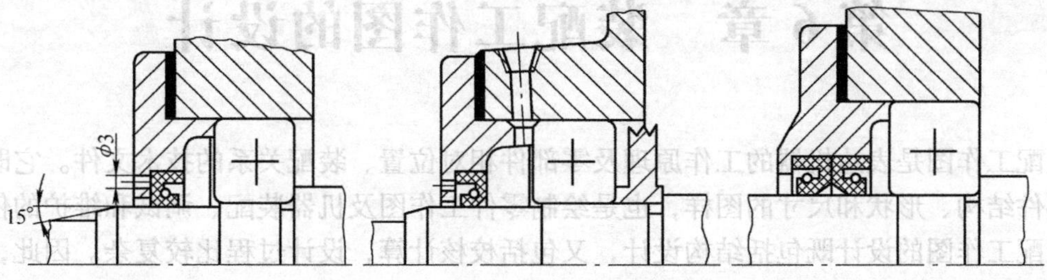

图 5-16　J 形橡胶圈油封的安装方向

图 5-17 所示为环槽式结构，其结构简单，成本低，但工作不够可靠。适用于圆周速度小于 30m/s 的脂润滑轴承。

图 5-18 所示为迷宫式结构，其特点是结构复杂，密封性能好，适用于脂或油润滑的轴承。

设计时可根据使用条件选择合适的密封装置。

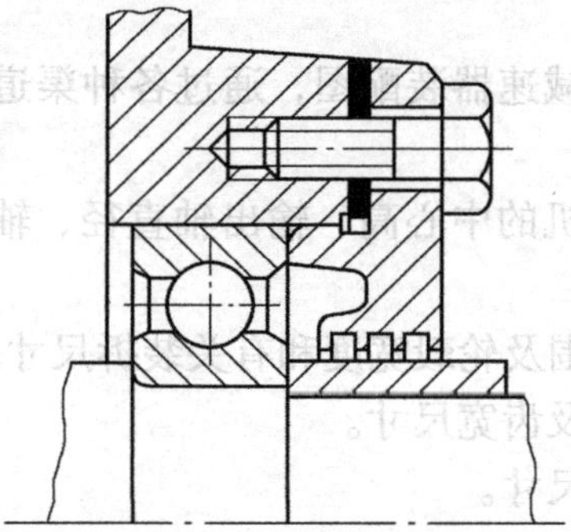

图 5-17　环槽式结构

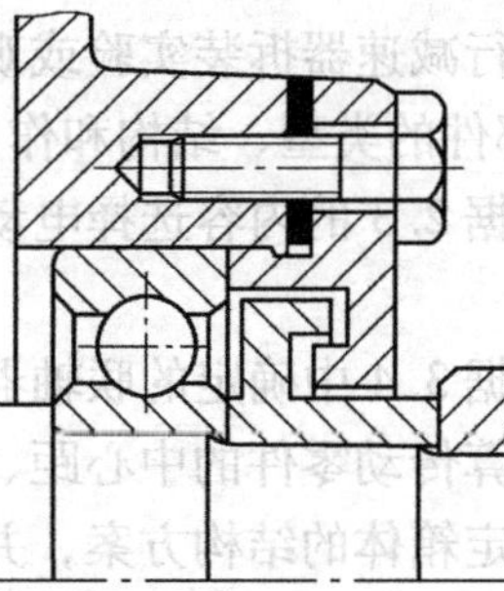

图 5-18　迷宫式结构

第 6 章　装配工作图的设计

装配工作图是表达机器的工作原理及零部件相对位置、装配关系的技术文件。它既是表达零部件结构、形状和尺寸的图样，也是绘制零件工作图及机器装配、调试和维护的依据。

装配工作图的设计既包括结构设计，又包括校核计算，设计过程比较复杂。因此，初次设计时，应先绘制装配草图，经设计过程中的不断修改完善和检查后，再绘制正式的装配工作图。

6.1　减速器装配草图的设计

6.1.1　装配草图设计前的准备及设计要点

1. 绘制装配草图前的准备

在绘制装配草图前应做好以下准备。

1）进行减速器拆装实验或观看有关电教片、阅读减速器装配图，通过各种渠道弄清减速器各零部件的类型、结构和作用。

2）根据 2.3 的内容选择电动机的型号，确定电动机的中心高、输出轴直径、轴伸长度等尺寸。

3）根据 3.4 中确定的联轴器型号，查出其孔径范围及轮毂宽度和有关装拆尺寸。

4）计算传动零件的中心距、分度圆、齿顶圆直径及齿宽尺寸。

5）确定箱体的结构方案，并计算有关箱体结构的尺寸。

2. 装配草图的设计要点

1）设计装配草图时，设计者必须综合考虑减速器零部件的工作条件、材料、强度、刚度、制造、装拆、调整、润滑密封等各方面的问题，要遵循结构设计与校核设计相结合，计算与绘图相交叉，边计算、边绘图、边修改的设计方法和“由主到次，由粗到细”的设计原则，既要顾全整体，综观全局，又要重视局部和枝节等细微之处。

2）轴、轴承及传动零件是减速器的主要零件，其他零件的结构尺寸随之而定。所以绘制装配草图时，应先画主要零件，后画次要零件；先画箱内零件，再画箱外零件，内外兼顾，由内向外逐步绘制。先画零件的中心线和轮廓线，后画细部结构。应以一个视图为主，兼顾其他视图。

6.1.2　装配草图的设计步骤

现以一级圆柱齿轮减速器为例说明装配草图的设计步骤。

1. 选择比例尺，合理布置图面

根据 4.1 中的内容估计减速器的轮廓尺寸，采用 A_0 或 A_1 号图纸，尽量用 1:1 的比例绘制装配草图。通常采用主、俯、左三个视图，并配以必要剖视和局部剖视图来表达减速器的结构。原则上应使各视图均匀地布置于图幅上。

2. 确定各零部件的相互位置

（1）确定传动件的轮廓和相对位置　如图 6-1 所示，在主视图和俯视图上绘制箱体内传动零件的中心线以及分度圆、齿顶圆和齿宽及轮毂长度等轮廓线。其他细部结构暂不画出。为保证全齿宽啮合和便于安装，小齿轮的齿宽 B_1 应比与其相啮合的大齿轮的齿宽 B_2 大 5 ~ 10mm。

（2）确定箱体内外壁和轴承座端面的位置（图 6-2）

1）大齿轮齿顶圆与箱体内壁的距离 $\Delta_1 \geqslant 1.2\delta$（$\delta$ 为箱座壁厚，见表 4-1）。小齿轮一侧的箱体内壁线暂不画出，待箱体结构设计时，按其投影关系确定。

2）箱体内壁距小齿轮端面的距离 Δ_2 主要考虑铸造和安装精度，一般取 $\Delta_2 > \delta$。

3）箱体外壁线由箱体内壁位置及箱体壁厚 δ 确定。

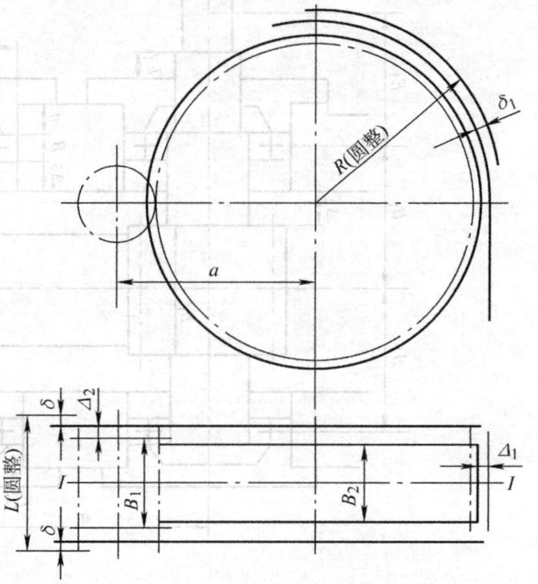

图 6-1　一级圆柱齿轮减速器装配草图（一）

4）轴承座外端面的位置，由轴承座宽度 L 确定。对于剖分式箱体，L 的大小应考虑箱体壁厚 δ、轴承旁联接螺栓扳手空间尺寸 C_1、C_2（表 4-1）的大小以及区分加工面与非加工面的尺寸 8 ~ 12mm，即 $L = \delta + C_1 + C_2 + (8 \sim 12\text{mm})$。

（3）确定轴承和轴承端盖的位置（图 6-2）

1）轴承在轴承座孔中的位置与轴承的润滑方式有关。若轴承采用箱体内的润滑油润滑，则轴承内端面至箱体内壁的距离 $\Delta_3 = 3 \sim 5\text{mm}$，如图 5-4a 所示；若轴承采用脂润滑，则 $\Delta_3 = 10 \sim 15\text{mm}$，如图 5-4b 所示。轴承宽度 B 由初选的轴承型号确定。

2）若采用嵌入式轴承端盖，应使端盖外端面与箱体外壁在同一平面上；若采用凸缘式端盖，则端盖外端面的位置由其凸缘厚度 e 决定。一般取 $e = 1.2d_3$（d_3 为端盖联接螺钉的直径，见表 4-1）。

3. 轴的结构设计

（1）确定各轴段的径向尺寸　各轴段径向尺寸的确定方法可参考 5.1 中的有关内容。其中，安装定位套和挡油板处的直径可与轴承处的直径相同，也可不同。

（2）确定各轴段的长度　各轴段长度的确定可参考 5.1 中的有关内容。绘图时还应注意以下两点。

1）轴在轴承座孔中的长度取决于轴承座的宽度 L。如图 6-2 所示，$L = m + B + \Delta_3$，式中轴承端盖定位止口的宽度 m 不应太短，否则在拧紧螺钉时，会使端盖发生歪斜。一般取 $m = (0.10 \sim 0.15)D$（D 为轴承座孔直径）。

2）轴伸出箱体外的长度，与轴上零件的装拆及轴承端盖螺钉的装拆有关，如图 5-6 所示。一般情况下可取轴上零件与端盖间的距离 $L_1 = 15 \sim 20\text{mm}$。

至此，装配草图完成情况如图 6-2 所示。

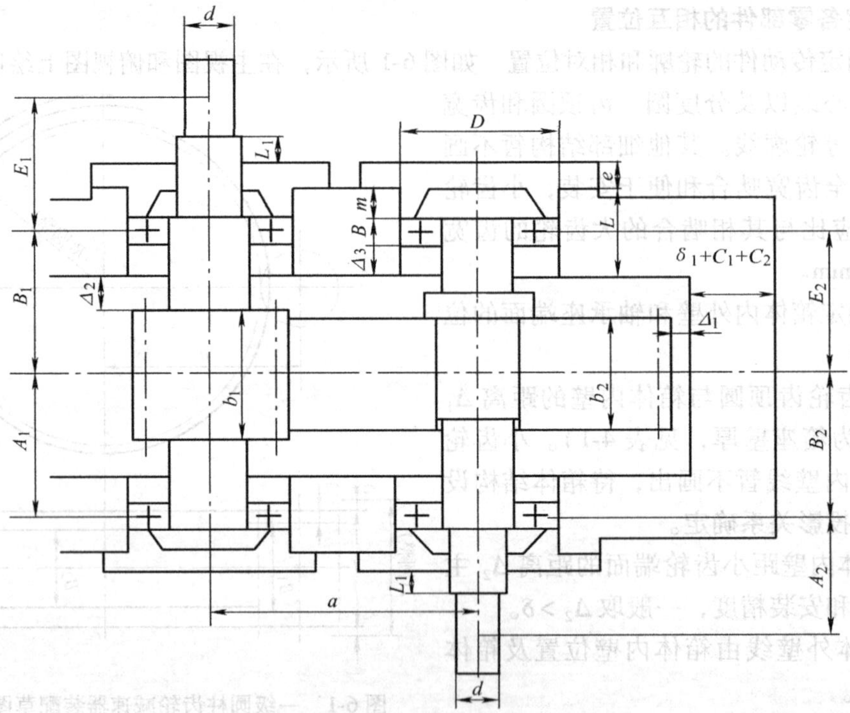

图 6-2 一级圆柱齿轮减速器装配草图（二）

4. 确定轴上支点跨距，校核轴的强度

根据轴承类型和各轴的结构尺寸，参考教材有关内容计算出轴的支撑点跨距 A_1、B_1、E_1 和 A_2、B_2、E_2，确定力学模型，计算约束力，绘制轴的弯矩图和扭矩图，按弯扭合成强度进行校核。若强度不足，可加大轴径并同时修改轴及相关零件的结构尺寸。

5. 验算轴承寿命（详见教材）

6. 校核键的挤压强度（详见教材）

7. 设计轴系细部结构

1）传动零件的结构设计（见教材）。

2）滚动轴承的组合设计（见本书 5.3）。

3）轴承端盖的结构设计（见本书 4.3）。

4）轴承组件的密封设计（见本书 5.4）。

8. 设计箱体结构

减速器箱体多采用剖分式结构，铸造毛坯。设计箱体结构时，必须保证其具有足够的强度和刚度。绘制装配草图时，通常在三个视图上同时进行。

现以剖分式箱体为例说明其设计步骤。

（1）设计轴承座的结构　轴承座附近的支撑肋有内肋和外肋两种结构形式，如图 6-3 所示，其中外肋应用较广泛。肋板厚度尺寸可参考表 4-1 确定。

（2）设计轴承旁联接螺栓凸台的结构　为保证箱座与箱盖的联接刚度，应使轴承座孔两侧的联接螺栓的距离 s_1 尽量小，为此应在轴承座旁边位置设置凸台，如图 6-4 所示，同时还应保证该螺栓不与轴承端盖的联接螺栓发生干涉。一般取 $s_1 = D_2$（D_2 为轴承座外径）。绘图时可使螺栓中心线与轴承座孔外圆相切，凸台高度 h 由扳手空间尺寸 C_1、C_2 确定，如图 6-4 所示。绘图时可由作图法确定，如图 6-5a、b 所示。当凸台位于箱壁外侧时，凸台可按图 6-5b 所示的结构设计。

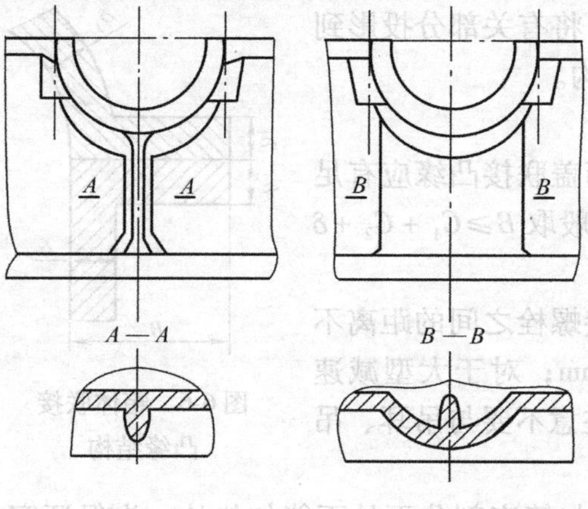

a)　　b)

图 6-3　机体的外肋和内肋

a）外肋　b）内肋

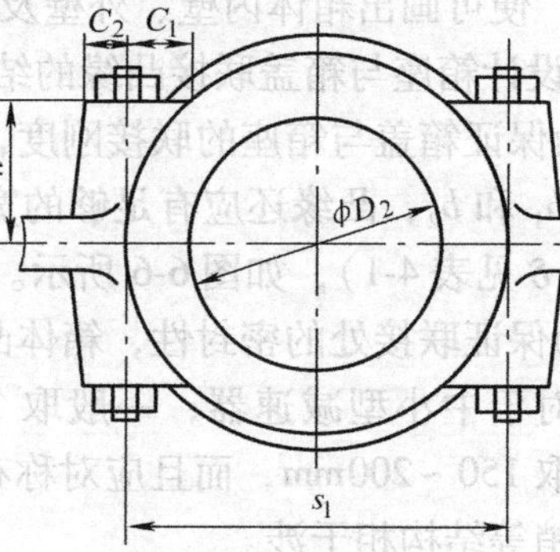

图 6-4　轴承旁凸台结构

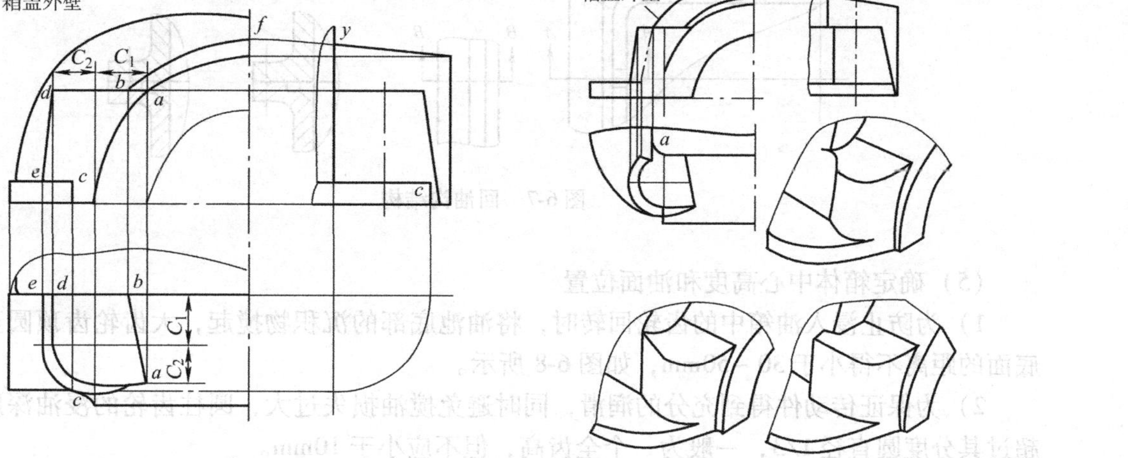

a)　　b)

图 6-5　凸台的画法

另外，当箱体同一侧面有多个大小不等的轴承座时，轴承座旁凸台的高度应尽量相同，以保证轴承旁联接螺栓长度一致，减少螺栓的规格。

（3）设计箱盖结构　箱盖顶部在主视图上的外廓由圆弧和直线组成，大齿轮一侧的箱盖外廓圆弧确定如图 6-1 主视图所示，直线部分为大齿轮一侧的箱盖圆弧与小齿轮一侧的箱盖圆弧的连接切线，须待小齿轮一侧箱盖圆弧确定以后再画，绘图时先画主视图，其他视图按投影关系画。

1）大齿轮一侧箱盖的外表面圆弧半径 $R_a = r_a + \Delta_1 + \delta_1$（$r_a$ 为大齿轮齿顶圆半径，Δ_1、

δ_1 见表 4-1)，一般情况下，轴承旁联接螺栓凸台均在该圆弧内侧。

2）小齿轮一侧箱盖的外表面圆弧半径，应使该外圆表面的轮廓线在主视图上的投影在轴承旁凸台附近，此圆弧轮廓线可以在轴承旁凸台的外侧，如图 6-5a 所示；也可以在其内侧，如图 6-5b 所示。

3）主视图上小齿轮一侧的箱盖结构确定后，将有关部分投影到俯视图上，便可画出箱体内壁、外壁及凸缘等结构。

（4）设计箱座与箱盖联接凸缘的结构

1）为保证箱盖与箱座的联接刚度，箱座与箱盖联接凸缘应有足够的厚度 b_1 和 b_2，凸缘还应有足够的宽度 B，一般取 $B \geqslant C_1 + C_2 + \delta$（$C_1$、$C_2$、$\delta$ 见表 4-1)，如图 6-6 所示。

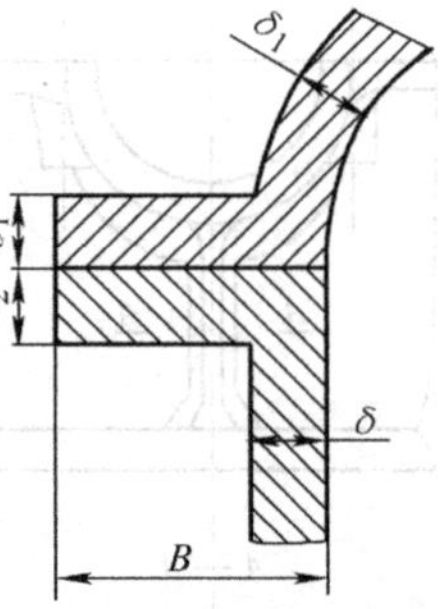

图 6-6 箱体联接凸缘结构

2）为保证联接处的密封性，箱体凸缘的联接螺栓之间的距离不应过大。对于中小型减速器，一般取 100 ~ 150mm；对于大型减速器，一般取 150 ~ 200mm，而且应对称布置，并注意不要与吊耳、吊钩、定位销等结构相干涉。

应特别注意，为保证轴承座孔的精度，箱盖与箱座剖分面处不能加垫片，为保证密封性，可在剖分面上加工出回油沟，如图 6-7 所示，也可在剖分面上涂密封胶。

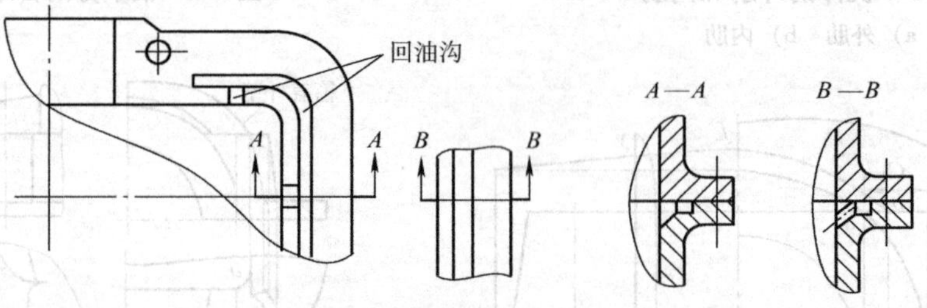

图 6-7 回油沟结构

（5）确定箱体中心高度和油面位置

1）为防止浸入油箱中的齿轮回转时，将油池底部的沉积物搅起，大齿轮齿顶圆至油池底面的距离不得小于 30 ~ 50mm，如图 6-8 所示。

2）为保证传动件得到充分的润滑，同时避免搅油损失过大，圆柱齿轮的浸油深度不应超过其分度圆直径 1/3，一般为一个全齿高，但不应小于 10mm。

（6）设计箱座底凸缘结构　箱座底凸缘结构尺寸可参见 4.2 有关内容。需要注意的是，地脚螺栓孔间距不应过大，一般为 150 ~ 200mm，以保证其联接刚度，螺栓数目一般为 4、6、8 个。

（7）设计箱体油沟结构

1）为保证减速器箱体的密封性，应在箱体的剖分面上加工出回油沟，以使渗入剖分面的油沿回油沟流入箱内，如图 6-7 所示。

2）若轴承利用箱内传动零件飞溅到箱盖上的油进行润滑，则应在箱座剖分面上开设输油沟，以使箱盖内壁上的油沿输油沟并经轴承盖上的导油槽流入轴承，如图 6-9 和图 6-10 所示。为了便于箱盖上的油流入输油沟，可在箱盖内壁的分箱面边缘处加工出适当的斜面，如图 6-10 所示。

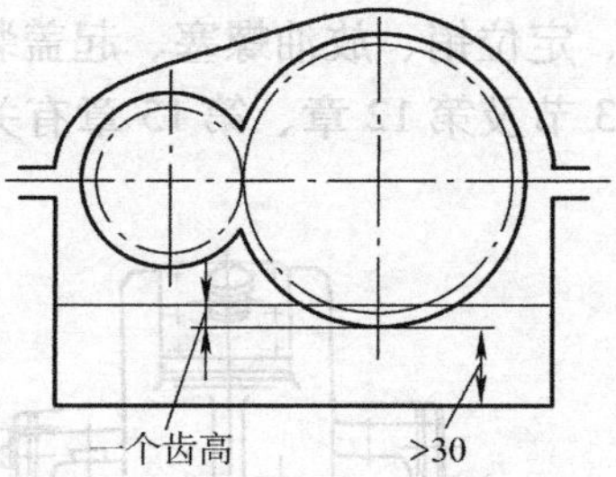

图 6-8　减速器油面油池深度

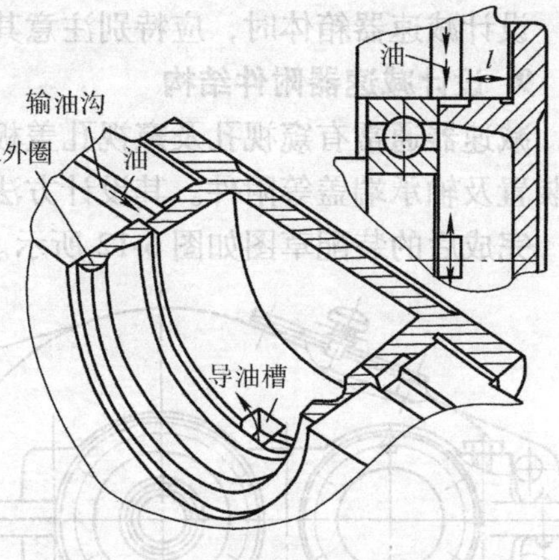

图 6-9　轴承盖上的导油槽结构

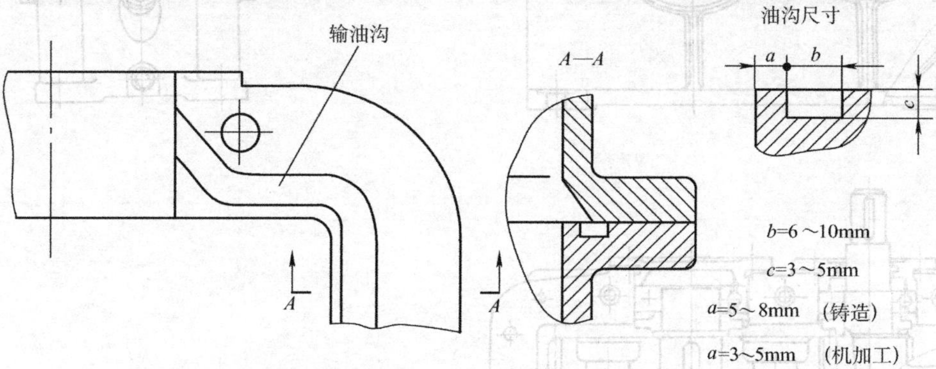

图 6-10　箱座上的输油沟和箱盖上的斜面结构尺寸

3）当箱内传动零件的圆周速度低于 2m/s 时，溅油效果较差。为保证轴承的润滑，可在箱体内壁加刮油板，将油从传动零件上刮下来，导入轴承进行润滑，如图 6-11 所示。

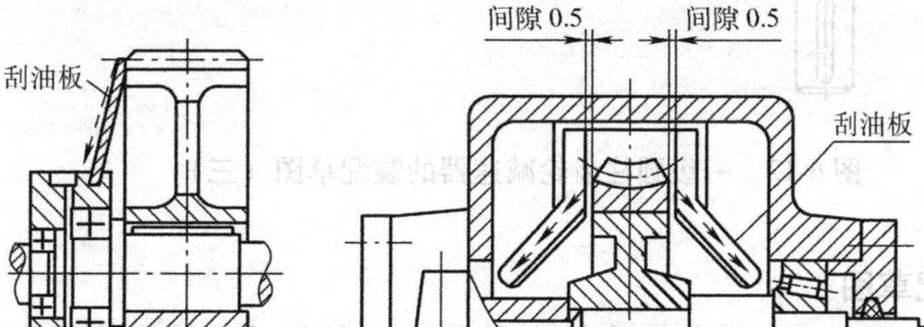

图 6-11　滚动轴承的刮油板润滑

设计减速器箱体时，应特别注意其工艺性要求。(详见第4.2节相关内容)

9. 设计减速器附件结构

减速器通常有窥视孔及窥视孔盖板、通气器、油标、定位销、放油螺塞、起盖装置、起吊装置及轴承端盖等附件。其设计方法可参考本书第4.3节及第12章、第15章有关内容。

完成后的装配草图如图6-12所示。

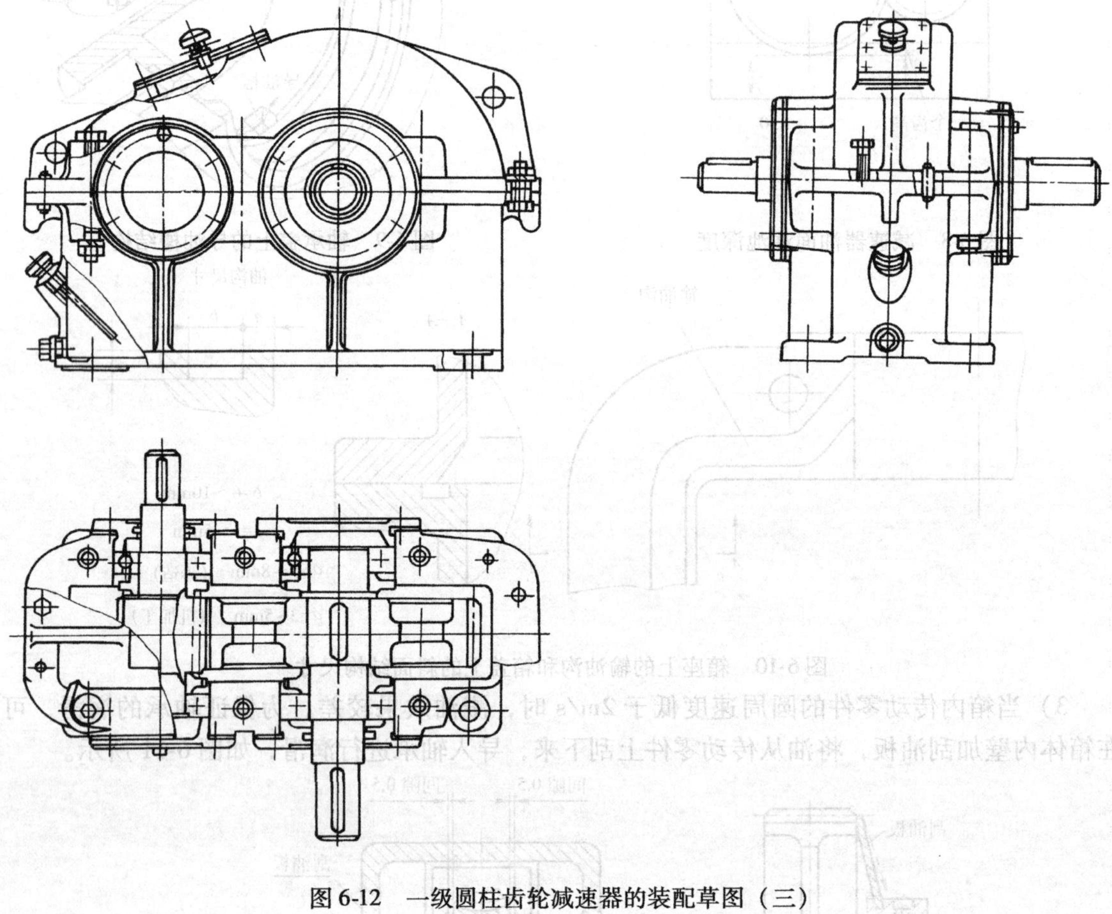

图6-12 一级圆柱齿轮减速器的装配草图（三）

10. 检查修改装配草图

装配草图完成后，还需对其进行认真检查并作必要的修改，检查内容主要有以下几方面。

1）装配草图与传动简图是否一致；轴伸的结构尺寸是否与有关零件相协调，是否满足安装调整要求。

2）轴系传动零件、轴承等的结构是否满足定位、固定、调整、安装、润滑密封等要求。

3）传动零件与轴的尺寸、轴承型号与跨距是否一致。

4）传动零件、轴、轴承、箱体等主要零件是否满足强度、刚度要求。

5）齿轮中心距、分度圆直径、齿宽等尺寸是否与计算值相符。

6）箱体结构和加工工艺是否合理，附件布置是否恰当，结构是否正确。

7）视图选择是否正确，结构表达是否清楚，是否符合国家标准。

6.2 减速器装配工作图的设计

装配工作图是在装配草图的基础上绘制的。减速器装配工作图主要包括以下内容。

1）表达减速器装配结构的一组视图。

2）必要的尺寸及配合。

3）技术要求。

4）零件编号及明细表。

5）减速器技术特性表。

6）标题栏。

6.2.1 绘制装配工作图视图

根据装配草图确定的图幅、比例，并考虑装配工作图的各项内容，合理布置图面。绘图要点如下。

1）在完整正确地表达零部件结构形状和各部分之间位置关系的前提下，采用的视图数量应尽可能地少。

2）绘图时，应尽量将减速器的工作原理和主要装配关系集中表达在一个基本视图上（齿轮减速器一般集中在俯视图上）。

3）尽量避免采用虚线，必须表达的内部结构和细部结构可采用局部剖视图、局部断面图进行表达。

4）某些结构可按国家标准规定，采用简化画法、省略画法和示意法。例如，同一类型、规格尺寸的螺栓联接，可以只画一个，其余用中心线表示。

5）装配工作图绘制完后，不要加深，待零件工作图完成后，修改装配图中某些不合理的结构尺寸再加深。

6.2.2 标注尺寸

装配工作图上应标注下列4种尺寸。

（1）外形尺寸　指减速器的长、宽、高，以供包装、运输和车间布置场地用。

（2）安装尺寸　指减速器安装在基础上或安装其他零部件所需的尺寸。主要有箱体底面尺寸；地脚螺栓的中心距、直径及定位尺寸；减速器中心高；轴外伸端的配合长度及直径等。

（3）配合尺寸　指减速器内主要零件的配合处的尺寸、配合代号和精度等级等。如轴与传动件、轴承、联轴器的配合尺寸；轴承与轴承座孔的配合尺寸等。表6-1列出了减速器主要零件的推荐用配合，设计时可参考选用。

（4）特性尺寸　指表示减速器性能和规格的尺寸，如传动零件的中心距及其偏差等。

标注尺寸时，应将尺寸尽可能标注在反映减速器主要结构和装配关系的视图上，并尽量布置在视图轮廓线的外面，整齐排列。

表 6-1 减速器主要零件的推荐用配合

配合零件	荐用配合	装拆方法
轴承端盖与箱体孔或套杯孔的配合	$\frac{H7}{h8}$，$\frac{H7}{f9}$	
轴承套杯与箱体孔的配合	$\frac{H7}{js6}$，$\frac{H7}{h6}$	徒手装配与拆卸
轴套、溅油轮、挡油环与轴的配合	$\frac{D11}{k6}$，$\frac{F9}{k6}$，$\frac{F9}{m6}$，$\frac{H8}{h7}$，$\frac{H8}{h8}$	
一般情况下的齿轮、带轮、链轮、联轴器与轴的配合	$\frac{H7}{r6}$，$\frac{H7}{n6}$，$\frac{H7}{k6}$	用压力机或温差法装配
滚动轴承内圈与轴的配合	j6，k6	
滚动轴承外圈与箱体孔的配合	H7	徒手装配与拆卸

6.2.3 编写零件序号

零件序号的编写应符合国家标准。

对于结构、材料、尺寸相同的零件只能编写一个序号。零件序号在装配图上应按顺序整齐排列，不得遗漏和重复。编号与零件之间用指引线相连。指引线之间不得相交，也不得与有关剖面线平行。一组紧固件（如螺栓、螺母、垫圈）及装配关系清楚的零件组可采用一条公共指引线，如图 6-13 所示。对于独立部件（如滚动轴承、油标等）可作为一个零件编号。

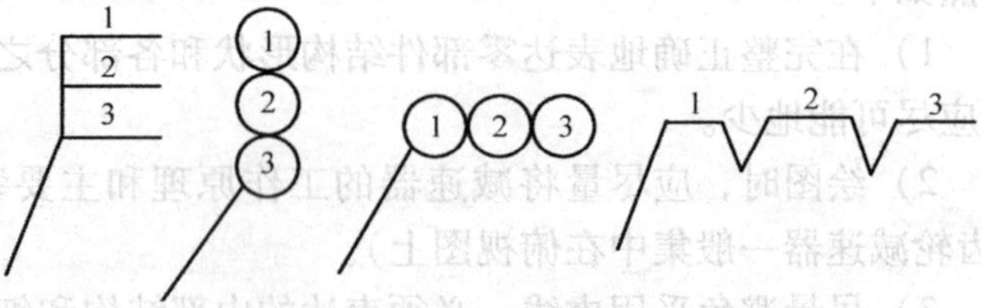

图 6-13 公共指引线序号编注

6.2.4 编写标题栏和明细表

机械设计基础课程设计标题栏和明细表的格式见图 6-14。

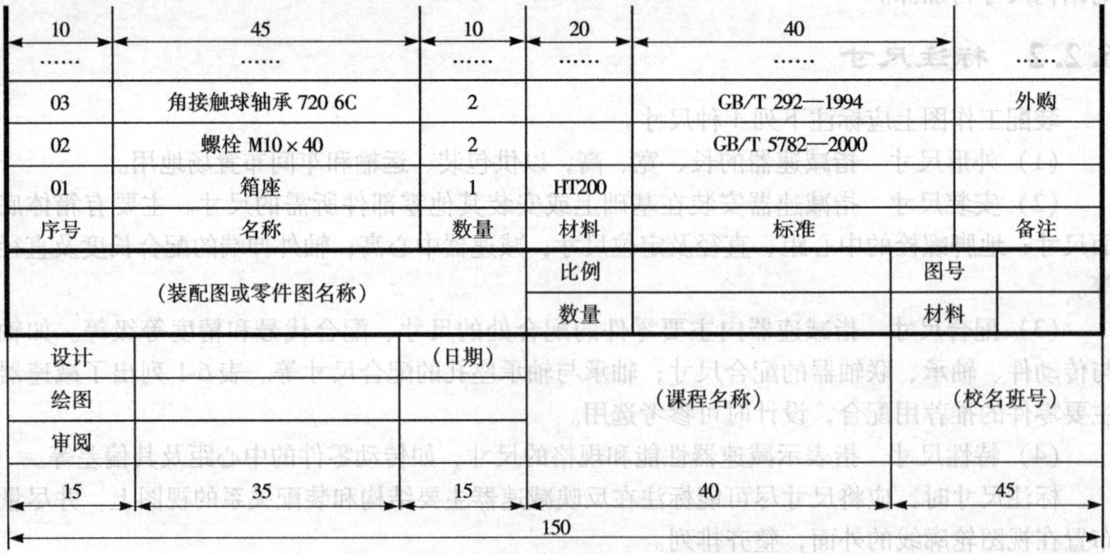

图 6-14 标题栏和明细表格式（本课程用）

标题栏和明细表应布置在图纸右下角，明细表应由下而上编写。

6.2.5　编制减速器技术特性表

在减速器装配工作图的适当位置列表写出减速器的技术特性。其内容包括输入功率、转速、各级传动比、总传动比、传动效率和传动特性等。其内容和格式见表 6-2。

表 6-2　技术特性表格式

输入功率 P/kW	输入转速/($r \cdot min^{-1}$)	效率 η	总传动比 i	传动特性							
				第一级				第二级			
				m_n	z_2/z_1	β	精度等级	m_n	z_2/z_1	β	精度等级

6.2.6　编写技术要求

装配工作图上的技术要求，是用文字说明在视图上无法表示的有关装配、调整、检验、润滑、维护等方面的要求，以保证机器的工作性能。减速器的技术要求主要有以下内容。

1. 对安装调整的要求

装配前应用煤油清洗所有的零件。减速器箱体不得有任何杂物。箱体内壁应涂防浸蚀的涂料。

（1）对传动零件的要求　齿轮或蜗轮安装后，应保证所需的传动侧隙和齿面接触斑点，而且在技术要求中必须给出具体数值。侧隙大小及接触斑点要求应根据传动精度等级确定（见第 7 章）。侧隙的检验方法是，将塞尺或铅片塞进相互啮合的两齿面之间，然后测出塞尺厚度或铅片变形后的厚度。接触斑点的检验方法是，在主动件齿面上涂色，使其传动，观察从动件的齿面着色情况，由此分析接触区的位置及接触面积的大小。

（2）对滚动轴承的调整要求　减速器在装配时，滚动轴承应留有适当的轴向游隙，以保证轴承正常工作。游隙的大小应在技术要求中说明。当采用可调整间隙的轴承时，游隙大小可根据配合过盈量的大小和温升大小情况在 0.02～0.15mm 内选取；当采用不可调整间隙的轴承时，应在轴承端盖和轴承外圈端面之间留 0.25～0.4mm 的间隙。

2. 对润滑的要求

在技术要求中必须说明传动件及轴承所使用的润滑剂的牌号、用量和更换时间。

选用润滑剂种类的依据是传动特点、载荷的性质和大小、运转速度的高低等。对于高速、重载、频繁起动、长期运转的工作条件，一般选用粘度大、油性好的润滑油。而对于在轻载及间歇运转条件下工作的传动件，选用粘度低的润滑油。当传动件和轴承采用同一种润滑剂时，应优先满足传动件的要求，同时适当兼顾轴承的要求。

3. 对密封的要求

箱盖和箱体的结合面、各零部件之间的接触面及密封处，均不允许漏油。剖分面上不允许使用垫片，但可以涂密封胶或水玻璃。

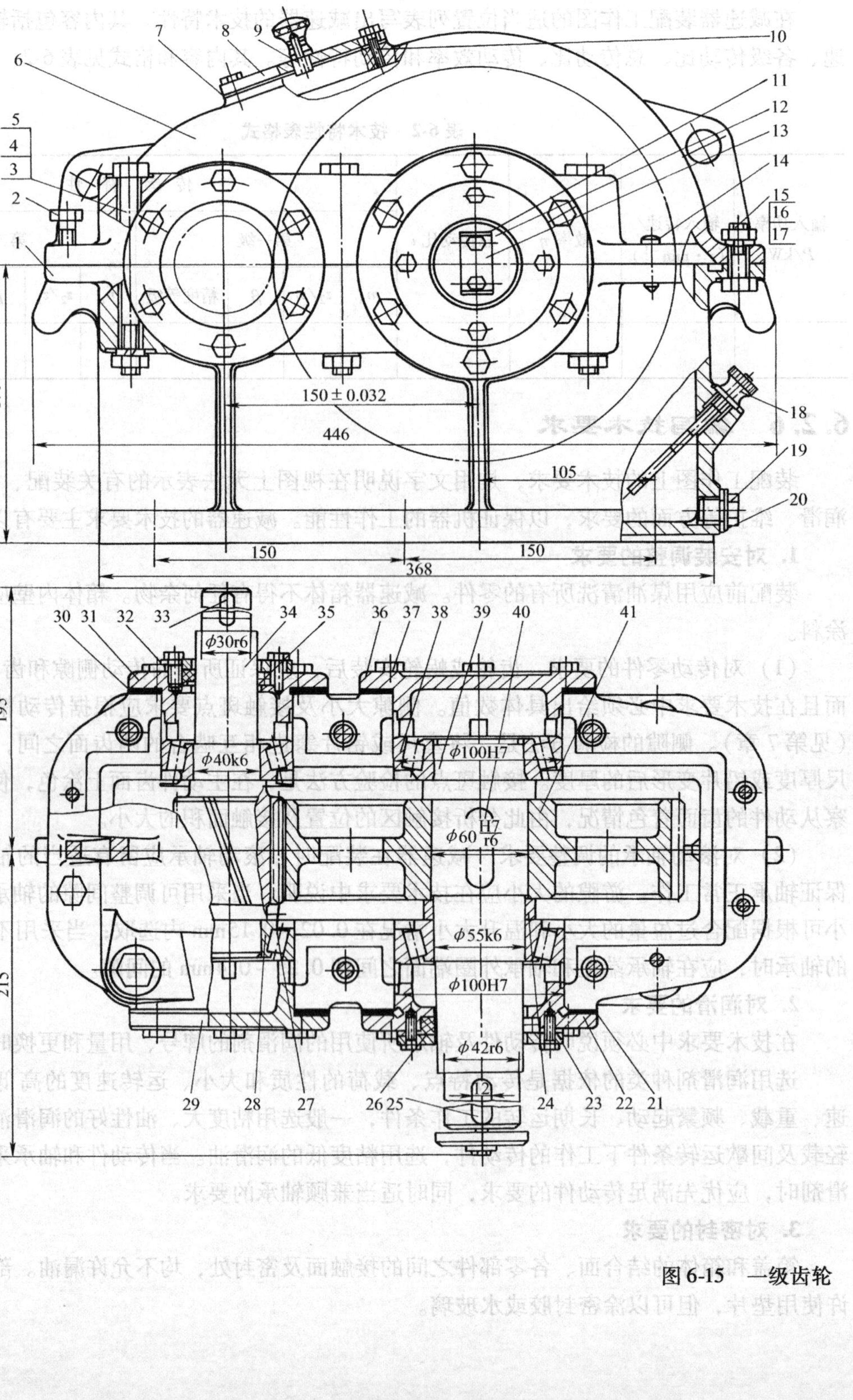
1
2
3
4
5
6
7
8
9
10
11
12
13
14
15
16
17
18
19
20
150±0.032
446
105
170
150
150
368
195
215
30
31
32
33
34
35
36
37
38
39
40
41
ϕ30r6
ϕ40k6
ϕ100H7
ϕ60 H7/r6
ϕ55k6
ϕ100H7
ϕ42r6
12
29
28
27
26
25
24
23
22
21

图 6-15　一级齿轮

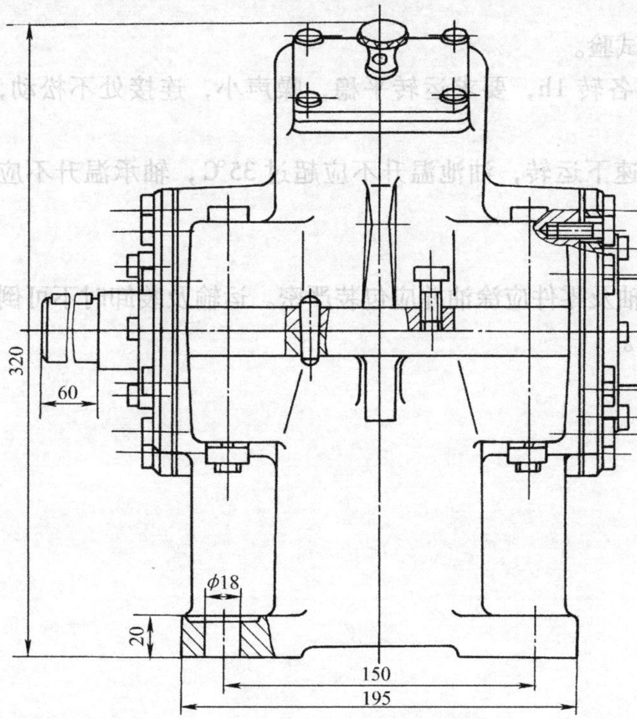

技 术 要 求

1. 装配前，全部零件用煤油清洗，箱体内不许有杂物存在。在内壁涂两次不被机油侵蚀的涂料。
2. 用铅丝检验啮合侧隙。其侧隙≥0.16mm，铅丝不得大于最小侧隙的 4 倍。
3. 用涂色法检验斑点。齿高接触斑点≥40%；齿长接触斑点≥50%。必要时可采用研磨或刮后研磨，以便改善接触情况。
4. 调整轴承时所留轴向间隙如下：
   $\phi40$ 为 0.05 ~ 0.1；$\phi55$ 为 0.08 ~ 0.15。
5. 装配时，剖分面不允许使用任何填料，可涂以密封油漆或水玻璃。试转时应检查剖分面、各接触面及密封处，均不准漏油。
6. 箱座内装 SH0357—1992 中的 50 号工业齿轮油至规定高度。
7. 表面涂灰色油漆。

技术参数表

功率	4.5 kW	高速轴转速	480r/min	传动比	4.16

41	大齿轮	1	45		19	六角螺塞 M18×1.5	1	Q235A	
40	键 18×50	1	Q275A	GB/T 1096—2003	18	油标	1	Q235A	
39	轴	1	45		17	垫圈 10	2	65Mn	GB/T 93—1987
38	轴承 30311E	2		GB/T 297—1994	16	螺母 M10	2	Q235A	GB/T 41—2000
37	螺栓 M8×25	24	Q235A	GB/T 5780—2000	15	螺栓 M10×35	4	Q235A	GB/T 5782—2000
36	轴承端盖	1	HT200		14	销 8×30	2	35	GB/T 117—2000
35	J 型油封 35×60×12	1	耐油橡胶		13	防松垫片	1	Q215A	
34	齿轮轴	1	45		12	轴端挡圈	1	Q235A	
33	键 8×50	1	Q275A	GB/T 1096—2003	11	螺栓 M6×25	2	Q235A	GB/T 5782—2000
32	密封盖板	1	Q235A		10	螺栓 M6×20	4	Q235A	GB/T 5782—2000
31	轴承端盖	1	HT200		9	通气器	1	Q235A	
30	调整垫片	2	成组		8	窥视孔盖	1	Q215A	
29	轴承端盖	1	HT200		7	垫片	1	石棉橡胶纸	
28	轴承 30308E	2		GB/T 297—1994	6	箱盖	1	HT200	
27	挡油环	2	Q215A		5	垫圈 12	6	65Mn	GB/T 93—1987
26	J 型油封 50×72×12	1	耐油橡胶		4	螺母 M12	6	Q235A	GB/T 41—2000
25	键 12×56	1	Q275A	GB/T 1096—2003	3	螺栓 M12×100	6	Q235A	GB/T 5782—2000
24	定距环	1	Q235A		2	起盖螺钉 M10×30	1	Q235A	GB/T 5780—2000
23	密封盖板	1	Q235A		1	箱座	1	HT200	
22	轴承端盖	1	HT200		序号	名称	数量	材料	备注
21	调整垫片	2 组	08F		(标题栏)				
20	油圈 25×18	1	工业用革						

减速器装配图

4. 对试验的要求

减速器的试验包括空载试验和负载试验。

空载试验时，在额定转速下，正反各转 1h，要求运转平稳，噪声小，连接处不松动，不渗油。

负载试验时，在额定功率和额定转速下运转，油池温升不应超过 35℃，轴承温升不应超过 40℃。

5. 对外观包装运输的要求

减速器箱体未加工面应涂漆。外伸轴及零件应涂油并应包装严密。运输及装卸时不可倒置。完成后的装配工作图如图 6-15 所示。

第 7 章　零件工作图的设计

7.1　零件工作图设计概述

零件工作图是由装配工作图拆绘、设计而成的。它是零件制造、检验和制订工艺规程的基本技术文件，应包括制造和检验零件所需的全部内容。

7.1.1　零件工作图的设计内容

1）绘制视图。

2）标注尺寸及其公差。

3）标注必要的形状和位置公差及表面粗糙度。

4）编写技术要求。

5）绘制填写标题栏。

7.1.2　零件工作图的设计要求

1）每个零件的工作图必须单独绘制在一个标准图幅中，用尽量少的视图将零件的结构形状和尺寸表达清楚。为增加零件的真实感，尽量采用 1:1 的比例。

2）零件的基本结构和主要尺寸应与装配工作图相符，若有改动，则应对装配图作相应的修改。

3）尺寸标注要正确、清晰，应以一个视图为主，不得遗漏、重复和封闭，并正确选择尺寸基准。

4）凡是用图样和符号不便于表示，而在制造和检验时又必须保证的条件和要求，均可在技术要求中用文字说明。

5）标题栏应绘制在图纸的右下角，其格式见图 6-14。

7.2　轴类零件工作图的设计

7.2.1　绘制视图

对于轴，一般只需画一个视图，在有键槽和孔的部位，可增画断面图。其他细部结构（如退刀槽、砂轮越程槽、中心孔等）可采用局部放大图。

7.2.2　标注尺寸及尺寸公差

轴类零件的主要尺寸有径向尺寸、轴向尺寸及键槽、砂轮越程槽等细部尺寸。

（1）径向尺寸　应在各轴段逐一标出直径尺寸，如图 7-1 所示。同一尺寸的各段直径应分别标注（如图 7-1 中的两段 $\phi45$ 直径的标注），不得遗漏。配合处的直径都应标注尺寸极限偏差，其极限偏差值可根据装配图上的配合代号，查 GB/T 1800. 1—2009。

（2）轴向尺寸 标注轴向尺寸时，应正确选择主要基准和辅助基准，以保证轴上零件的轴向定位。应同时考虑设计及工艺要求，采用合理的标注形式，尽可能使标注的尺寸反映加工工艺及测量要求。通常使最不重要的尺寸（不影响装配精度的尺寸）作为封闭尺寸链。图 7-1 所示的尺寸标注选择了轴肩面 *A* 为主要基准，左右两端面为辅助基准以保证齿轮和联轴器的轴向定位。$\phi44$ 和 $\phi47$ 两轴段为封闭环，因该轴段尺寸误差不影响装配精度，为不重要尺寸。这种标注形式反映的主要加工工艺过程如表 7-1 所示。

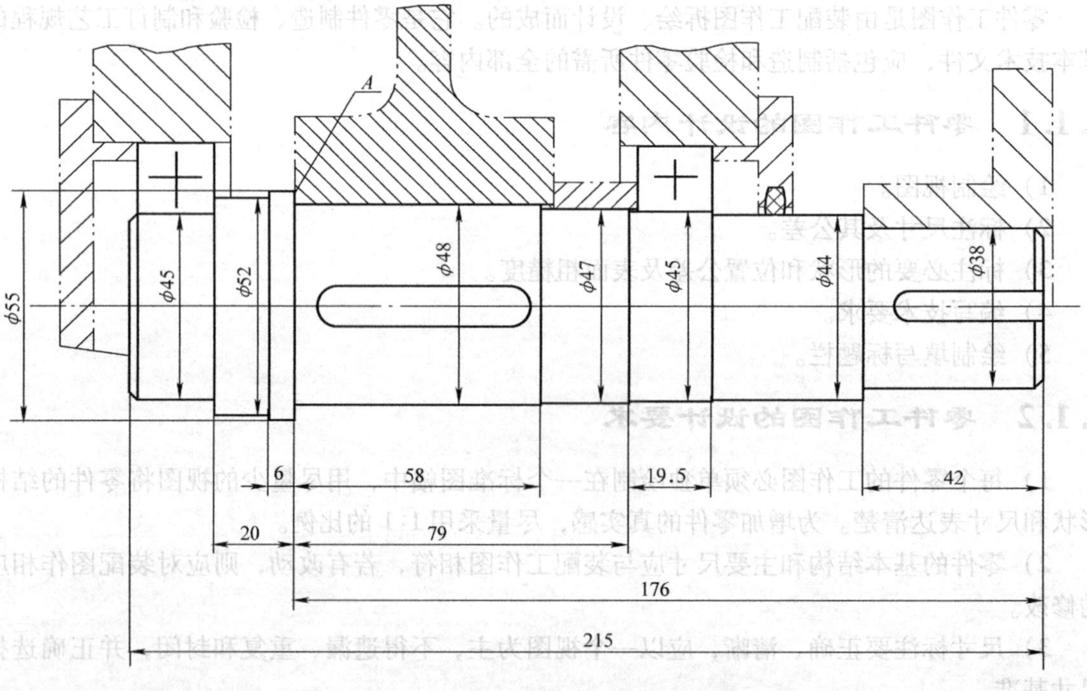

图 7-1 轴工作图轴向尺寸标注示例

表 7-1 轴的车削主要工序过程 （单位：mm）

序号	工序名称	工 序 草 图	加工尺寸	
			轴向	径向
1	下料、车外圆、车端面，钻中心孔		215	$\phi55$
2	卡住一端，车 $\phi48$	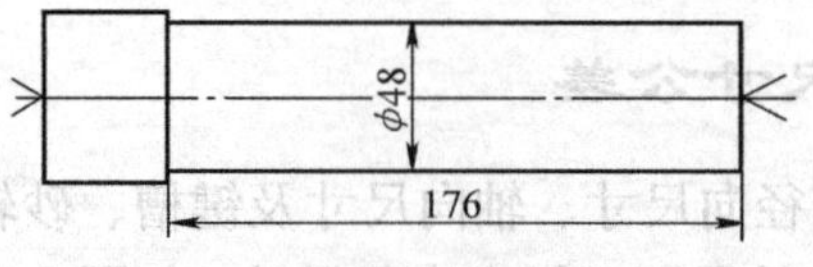	176	$\phi48$

（续）

序号	工序名称	工 序 草 图	加工尺寸	
			轴向	径向
3	车 ϕ47	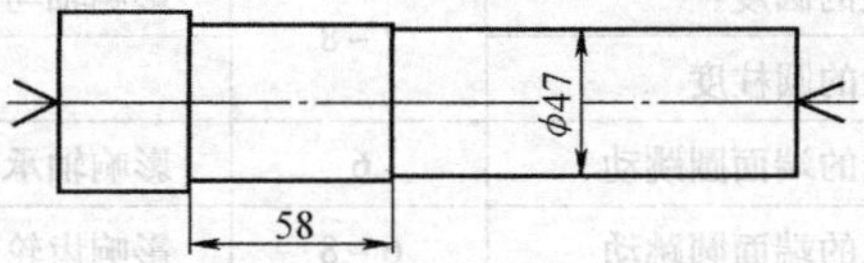	58	ϕ47
4	车 ϕ45	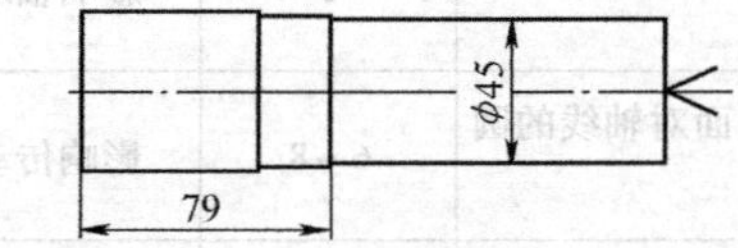	79	ϕ45
5	车 ϕ38	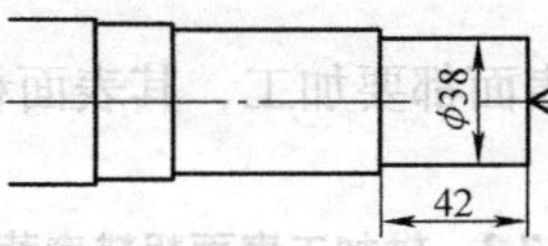	42	ϕ38
6	车 ϕ44	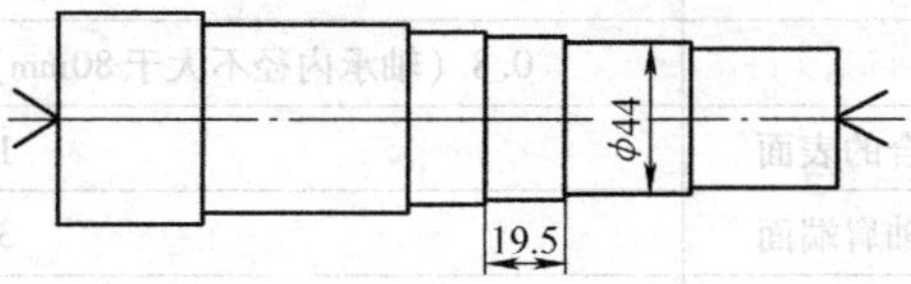	19.5	ϕ44
7	调头，车 ϕ52	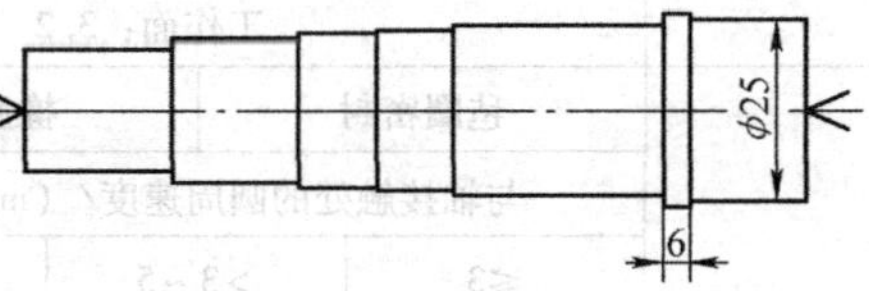	6	ϕ52
8	车 ϕ45	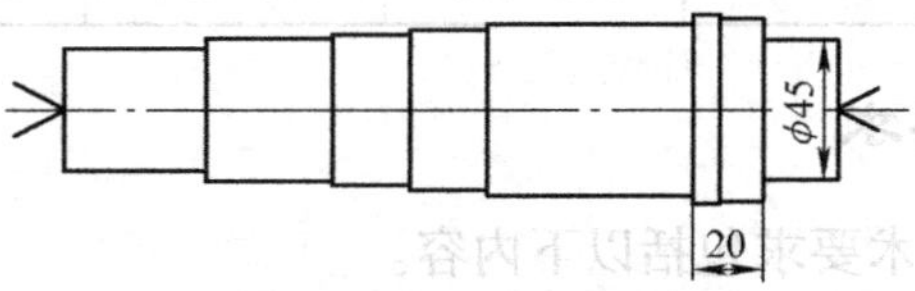	20	ϕ45

（3）键槽和砂轮越程槽的尺寸　键槽的结构尺寸及其相应的尺寸极限偏差应按键槽的有关规定标注，具体数值可参考第 15 章有关内容。另外，还应标注键槽的定位尺寸。砂轮越程槽的结构尺寸可参考第 10 章有关内容。

7.2.3　标注几何公差及表面粗糙度

（1）几何公差　轴类零件的几何公差项目主要有圆度、圆柱度、径向圆跳动、端面圆跳动和对称度等。表 7-2 列出了各公差项目的精度等级，可供设计时参考，其公差值可查 GB/T 1184—1996。

表 7-2　轴的几何公差推荐标注项目及精度

类别	标注项目	精度等级	对工作性能的影响
形状公差	与滚动轴承相配合轴段的圆柱度	6	影响轴与轴承配合的松紧及对中性
	与传动零件相配合轴段的圆度	7~8	影响轴与传动零件配合的松紧及对中性
	与传动零件相配合轴段的圆柱度		
位置公差	轴承定位端面对轴心线的端面圆跳动	6	影响轴承的定位及其受载的均匀性
	齿轮定位端面对轴心线的端面圆跳动	6~8	影响齿轮的定位及其受载的均匀性
	与滚动轴承相配合的轴颈表面对轴线的圆跳动	6	影响轴承的运转偏心
	与传动零件相配合的轴颈表面对轴线的圆跳动	6~8	影响传动零件的运转偏心
	键槽对轴线的对称度	7~9	影响键受载的均匀性及拆装的难、易

（2）表面粗糙度　轴的所有表面都要加工，其表面粗糙度值可参考表 7-3 选择或查设计手册。

表 7-3　轴加工表面粗糙度荐用值

<table>
<tr><th>加　工　表　面</th><th colspan="4">表面粗糙度值 Ra/μm</th></tr>
<tr><td>与滚动轴承相配合的表面</td><td colspan="4">0.8（轴承内径不大于 80mm），1.6（轴承内径大于 80mm）</td></tr>
<tr><td>与传动零件及联轴器轮毂相配合的表面</td><td colspan="4">1.6</td></tr>
<tr><td>与传动零件及联轴器相配合的轴肩端面</td><td colspan="4">3.2</td></tr>
<tr><td>与滚动轴承相配合的轴肩端面</td><td colspan="4">1.6~3.2</td></tr>
<tr><td>平键键槽</td><td colspan="4">工作面：3.2　　非工作面：6.3</td></tr>
<tr><td rowspan="4">密封处表面</td><td>毡圈密封</td><td colspan="2">橡胶油封</td><td>非接触式密封</td></tr>
<tr><td colspan="3">与轴接触处的圆周速度/$(m \cdot s^{-1})$</td><td rowspan="3">3.2~1.6</td></tr>
<tr><td>≤3</td><td>>3~5</td><td>>5~10</td></tr>
<tr><td>3.2~0.8</td><td>1.6~0.4</td><td>0.8~0.2</td></tr>
</table>

7.2.4　编写技术要求

轴类零件工作图的技术要求包括以下内容。

1）对材料力学性能的要求，如热处理方法、热处理以后的硬度、渗碳深度及淬火深度等。

2）对加工的要求，如是否要保留中心孔，如要保留，应在零件工作图上画出中心孔或按国标加以说明；某些表面是否需要与其他零件配合加工（如配钻、配铰等），如需要应加以说明。

3）对未注倒角、圆角的说明；对个别部位修饰加工的说明及对较长轴的毛坯进行校直的说明等。

轴类零件工作图参考图例如图 9-5、图 9-7 所示。

7.3　齿轮类零件工作图的设计

齿轮类零件包括齿轮、蜗杆和蜗轮。下面以圆柱齿轮为例说明该类零件工作图的设计。

7.3.1　绘制视图

齿轮工作图通常用两个视图表达。将齿轮轴线水平放置，采用全剖或半剖画出其主视图，再画出其侧视图。侧视图可以全部画出，也可以画成局部视图，只表达轴孔和键槽的结构尺寸。如图 9-6 所示。

7.3.2　标注尺寸及尺寸公差

齿轮的尺寸主要有径向尺寸、齿宽方向的尺寸、键槽的结构尺寸及和腹板的结构尺寸等。

齿轮的轮毂孔和端面既是加工时的定位基准，也是测量和安装基准，所以，应以轮毂孔中心线和端面为基准进行尺寸标注。

（1）径向尺寸　齿轮的径向尺寸有分度圆直径、齿顶圆直径和轮毂孔直径。齿根圆是根据齿轮参数加工得到的结果，在图样上不必标注。标注时均以轮毂孔轴线为基准。

轮毂孔直径必须标注尺寸极限偏差，其偏差值可根据装配图上的配合代号，查阅 GB/T 1800. 1—2009。齿顶圆若作为测量基准（以齿厚极限偏差来保证齿轮副侧隙要求时），则其尺寸公差可根据表 7-4 选取；若齿顶圆不作为测量基准（以公法线平均长度公差来保证齿轮副的侧隙要求时），则其直径尺寸公差一般按 IT11 给出，但不得小于 $0.1m_n$（m_n 为齿轮的法向模数）。

（2）齿宽方向的尺寸　齿宽方向的尺寸应以齿轮端面为基准进行标注。

（3）键槽的结构尺寸　键槽的结构尺寸及其偏差应按键槽的有关规定标注。

（4）腹板的结构尺寸　腹板的结构尺寸是按结构要求确定的，标注时应进行圆整。

7.3.3　标注几何公差及表面粗糙度

（1）几何公差　齿轮的几何公差项目有轮毂孔的圆度和圆柱度、基准端面对孔轴线的圆跳动、以齿顶为测量基准时齿顶圆对孔轴线的圆跳动以及键槽侧面对孔轴线的对称度等。几何公差等级及其公差值分别见表 7-4 和表 7-5。

键槽侧面对孔轴线的对称度公差可按 8 级或 9 级取值。

表 7-4　圆柱齿轮轮坯形状公差荐用表

公差项目	齿轮精度等级	形状公差等级	对工作性能的影响
轮毂孔的圆度和圆柱度	6	IT6	影响传动零件与轴配合的松紧及对中性
	7、8	IT7	
	9	IT8	

注：当齿轮三个公差组的精度等级不同时，可按最高精度等级选用。

表7-5 圆柱齿轮齿坯基准面径向和端面圆跳动公差荐用表 （单位：μm）

分度圆直径/mm		齿轮精度等级		
大于	到	5和6	7和8	9~12
—	125	11	18	28
125	400	14	22	36
400	800	20	32	50

注：当齿轮三个公差组的精度等级不同时，可按最高精度等级选用。

（2）表面粗糙度　齿轮加工表面的粗糙度值可根据各表面的使用要求并参考表7-6推荐值进行标注。

表7-6 齿轮的表面粗糙度 *Ra* 荐用值 （单位：μm）

第Ⅱ公差组精度等级		6	7	8	9
Ra	齿面	0.4，0.8	0.8，1.6	1.6	3.2
	齿顶圆柱面	1.6	1.6，3.2	3.2	6.3
	基准端面	1.6	1.6，3.2	3.2	6.3
	基准孔或轴	0.8	0.8，1.6	1.6	3.2
	平键键槽	工作面：3.2~6.3		非工作面：6.3~12.5	
	其他加工表面	6.3~12.5			

7.3.4 编写啮合特性表

齿轮工作图中应有啮合特性表。其内容包括齿轮的主要参数、精度等级、检验项目等。啮合特性表应布置在图幅的右上角，具体内容和格式如图9-6所示。

7.3.5 编写技术要求

齿轮的技术要求包括以下内容。

1）对铸件、锻件及其他类型坯件的要求，如不允许有氧化皮、毛刺等要求。

2）对材料的力学性能和化学成分的要求及允许代用的材料。

3）对零件表面力学性能的要求，如热处理方法、热处理后的硬度、渗碳深度及淬火深度等。

4）对未注明倒角、圆角半径的说明。

5）其他特殊要求，如对大型或高速齿轮要进行平衡试验等要求。

齿轮零件工作图参考图例如图9-6所示。

第 8 章　设计说明书编写及答辩

设计说明书是对课程设计过程的全面记录，整理和总结的最终技术文件。编写设计说明书是整个设计工作的一个重要环节。通过编写设计说明书，学生可对设计全过程理出清晰的思路，同时养成有条不紊、认真细致的工作作风，因此，应认真对待。

设计说明书要求从针对设计任务书所提出的方案设计或论证开始，按照设计过程的顺序进行全面的整理与总结，计算应准确，设计公式、参数等应说明其出处；说明书中还应包括相关的简图，如传动方案简图、轴的受力分析图、内力图、轴的结构设计草图等。主要设计计算结果应醒目突出，一目了然。对不同设计阶段应在目录中用大小标题加以区分，标出页次，并设计好封面，装订成册，以便查阅。

8.1　设计说明书的内容

设计说明书一般包括以下内容。

1）封面。

2）目录。

3）设计任务书。

4）传动方案论证（附传动方案简图）。

5）电动机类型及型号的选择。

6）传动装置的运动及动力参数计算。

7）传动零件设计。

8）减速器的润滑方式、润滑油牌号和密封类型的选择。

9）减速器结构设计。

10）轴的设计与计算。

11）滚动轴承的选择和计算。

12）键联接的选择。

13）联轴器的选择。

14）课程设计小结（课程设计的体会、设计的不足和改进意见及期望）。

15）参考资料（资料编号、作者、书名、出版单位、出版时间）。

8.2　设计说明书的格式要求

1）设计说明书封面格式，如图 8-1 所示。

2）设计说明书格式，见表 8-1。

机械设计课程设计说明书

装订线

设计题目 ________

____院____系____班

设计者 ________

指导教师 ________

____年____月____日

图 8-1　设计说明书封面格式

表 8-1　设计计算说明书举例

计算及说明	结　果
一、传动方案论证	
……	
二、电动机的选择及运动参数的计算(见第 2 章，例 2.1)	
三、传动装置运动和动力的参数计算(见第 2 章，例 2.2)	
四、传动件的设计和计算	
(一) V 带传动的设计计算	
1. 确定计算功率	
由教材××页、表××查得工作情况系数 $K_A=1.3$，故	
2. 选取 V 带型号	
根据 P_c、n_1，由图××确定选用 A 型	选用 A 型
3. 确定带轮基准直径 d_{d1}，d_{d2}	
由表××选小带轮基准直径　$d_{d1}=100\text{mm}$	$d_{d1}=100\text{mm}$
验算带速　$v=\dfrac{\pi d_{d1}n_1}{60\times1000}=\dfrac{\pi\times100\times960}{60\times1000}\text{m/s}=5.03\text{m/s}$	
在 5~25m/s 之间，满足要求	
确定从动轮直径　$d_{d2}=i\times100\text{mm}=2.5\times100\text{mm}=250\text{mm}$	$d_{d2}=250\text{mm}$
实际速比　$i=d_{d2}/d_{d1}=2.5$	$i=2.5$
……	

8.3　答辩准备

答辩是课程设计的最后环节。通过准备答辩，学生可以系统地回顾和总结设计的内容，理清设计思路，找出设计的不足，分析还不太明了的或考虑不全面的问题，深化设计成果，从而使准备答辩的过程，成为课程设计中的一个总结与提高的过程。答辩题目主要取自设计图样中易出现的错误、设计计算中的参数分析及选择、结构设计等方面的问题，目的是提高学生分析和解决工程实际问题的能力。答辩成绩由设计图样、设计计算说明书、答辩中回答问题的水平及设计过程中的表现几部分组成，答辩前需做好以下准备。

1）装订完成的设计说明书。

2）设计图样（减速器总装图、低速轴零件图、低速齿轮零件图、箱座工作图、箱盖工作图）。

3）复习答辩参考题。

8.4　答辩参考题

1）说明所选传动方案的特点。

2）为什么选用带传动？

3）带传动为何放在传动装置的高速级？

4）确定电动机功率时要考虑哪些效率？

5）电动机的额定功率与输出功率有何不同？采用工作机所需功率与电动机额定功率计算对减速器装置有何影响？

6）传动比分配要考虑哪些因素？

7）带传动中当 α_1 过小时，如何进行调整？

8）当带速 v 过小或过大时，如何调整？

9）当 V 带根数 z 过多时，如何调整？

10）为何采用斜齿轮传动？

11）选择齿轮材料时应注意什么问题？

12）试述你所设计齿轮传动的主要失效形式及设计准则。

13）齿轮啮合时的受力方向如何判断？

14）齿宽的确定有什么要求？为什么通常小齿轮的宽度要比大齿轮宽？

15）在齿轮设计中，当不满足齿面接触疲劳强度的要求时，可采取什么措施？

16）在齿轮设计中，当不满足齿根弯曲疲劳强度的要求时，应采取什么措施？

17）齿轮传动中心距如何圆整（直齿轮和斜齿轮）？

18）斜齿轮螺旋角一般为多少度？过大或过小对齿轮传动有何影响？

19）键起何作用？

20）键的型号是根据什么确定的？键联接设计中应注意哪些问题？

21）联轴器如何选用？

22）弯扭组合强度计算时，轴上力的方向如何确定？

23）当采用斜齿轮传动时可否采用深沟球轴承？

24）齿轮传动采用何种润滑方式？为什么？

25）滚动轴承采用何种润滑方式？为什么？

26）轴承如何密封？

27）安装滚动轴承时为何要留有一定间隙或游隙？间隙或游隙如何调整？

28）减速器箱体设计一般要考虑哪些因素？

29）剖分式箱体上的圆锥销起何作用？销孔的位置应如何确定？

30）轴承和轴、轴承座的配合如何确定？

31）传动零件中心距偏差如何确定？

32）齿轮和轴的配合如何确定？

33）为什么要确定最小壁厚？

34）相交的箱壁或铸造表面间怎样过渡？

35）铸件表面沿起模方向在设计上应注意什么？

36）箱体结构怎样将加工面与非加工面分开，为什么要分开？举出箱体上一至二处说明。

37）同一轴线上的轴承座孔为何应在同一平面内？

38）轴承座孔凸台的尺寸根据什么确定？为什么要设置轴承座凸台？

39）试述螺栓联接的防松方法，在设计中你采用了哪种方法？

40）为何要用起盖螺钉？

41）减速箱中油面最低油位线是怎样规定的？油标的作用是什么？

42）窥视孔用于什么目的？

43）通气器的作用是什么？应安装在何部位？

44）放油螺塞的作用是什么？放油孔应开在何处？

45）螺塞应设置在油池最低处，为什么？

46）箱体的中心高是如何确定的？箱盖和箱座凸缘的宽度是如何确定的？

47）如何确定箱体内壁的位置？
48）箱盖与箱座的凸缘宽度是如何确定的？
49）螺栓头部或螺母支承面为何必须做成凸台或沉孔？
50）轴的结构设计中，为何要设计成阶梯轴？
51）各轴段轴径差应根据什么来确定？
52）轴的轴向尺寸由什么决定？
53）轴头长度一般比轴上零件宽度短 1 ~2mm，为什么？
54）说明你所选轴承的类型、型号及选择依据。
55）安装滚动轴承时轴肩高度应如何确定？
56）毡圈式密封主要用于何种润滑？
57）当轴承在采用什么方式润滑时采用挡油环？为何要设置挡油环，其意义何在？
58）装配图上应标注哪些尺寸？
59）装配图上应说明哪些技术特性或技术要求？
60）零件图上应标注哪些尺寸？

第9章 参考图例

9.1 典型减速器参考图例

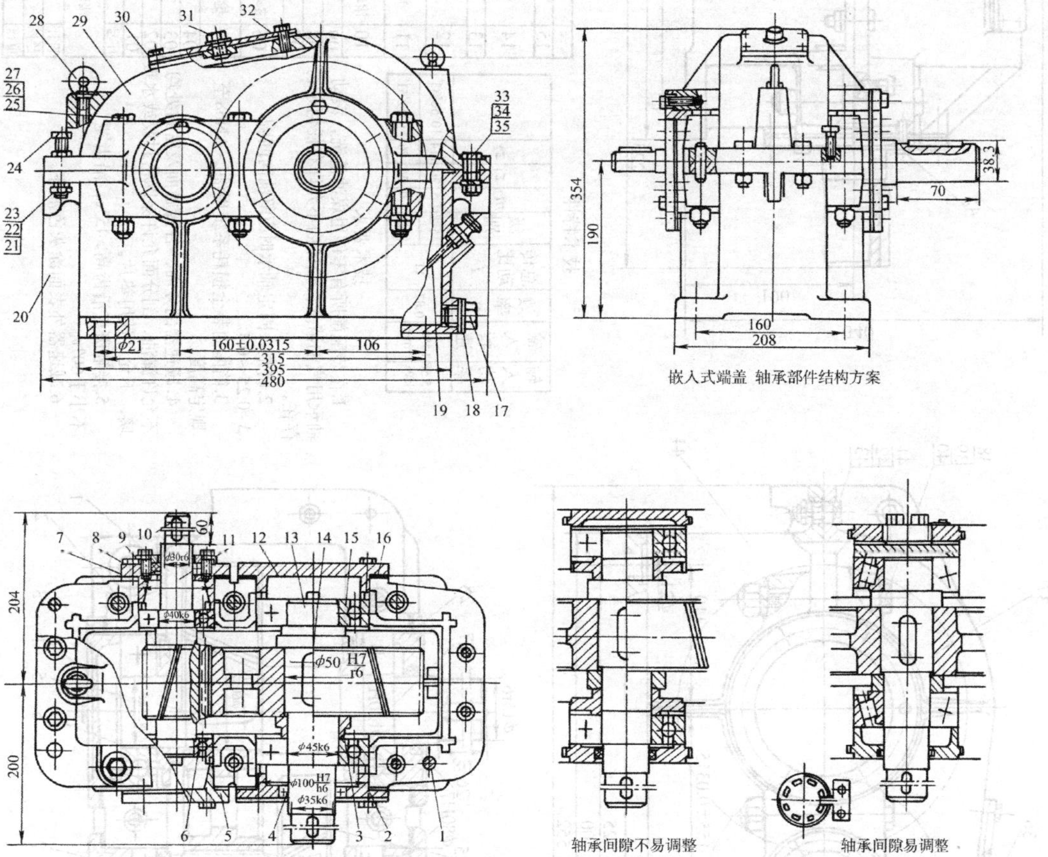

图 9-1 一级圆柱齿轮减速器

1—销 2—端盖 3—套筒 4—J 型油封 5—轴承端盖 6—轴承 7—调整垫片 8—轴承端盖 9—油封 10—键 11—齿轮轴 12—端盖 13—轴 14—键 15—轴承 16—调整垫片 17—油标 18—油封圈 19—六角螺塞 20—箱座 21—螺栓 22—螺母 23—弹簧垫圈 24—起盖螺钉 25—螺栓 26—螺母 27—垫圈 28—吊环螺钉 29—箱盖 30—窥视孔盖 31—通气器 32—螺钉 33—螺栓 34—螺母 35—垫片

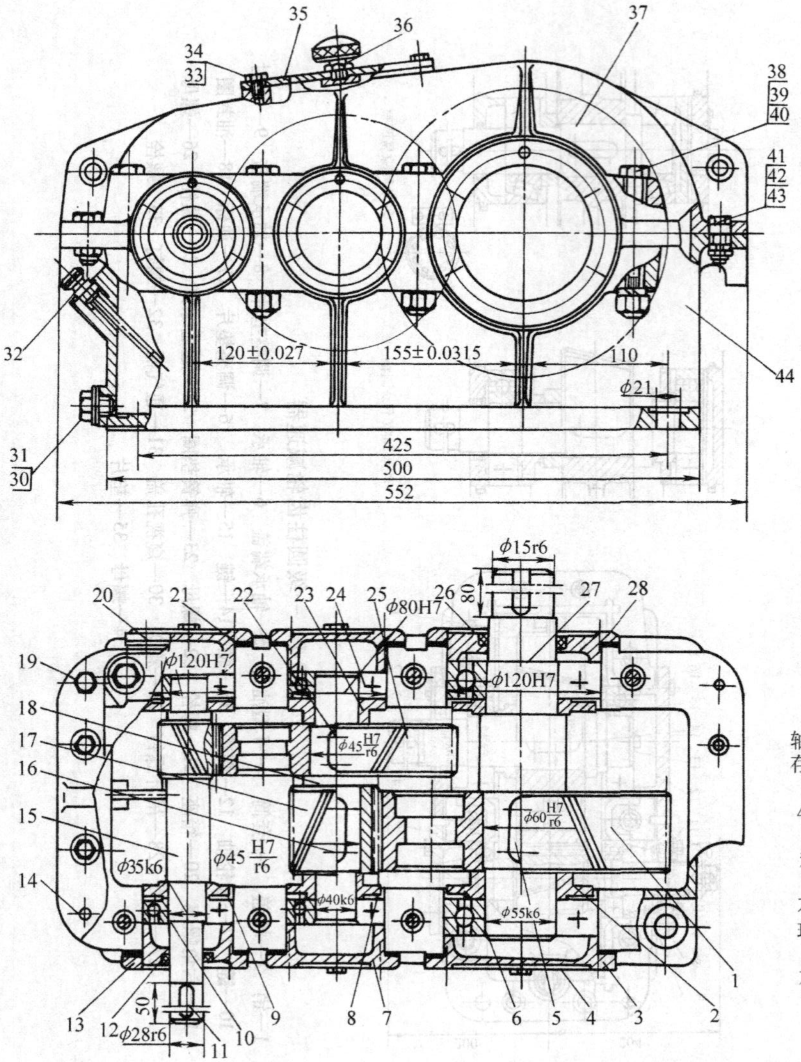

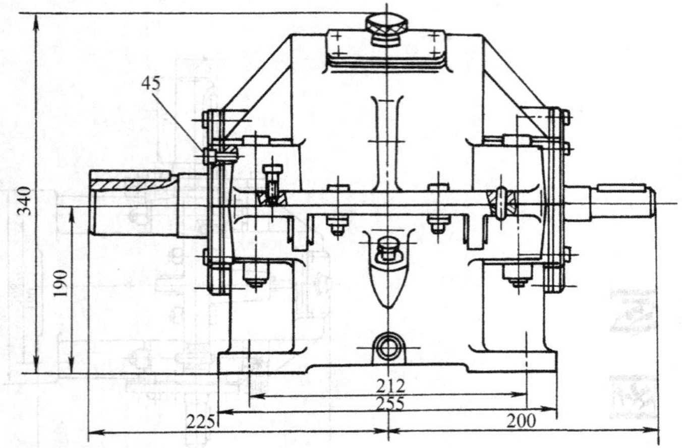

技术特性

输入功率	输入转速	效率 η	总传动比 i	级别	m_2	z_1	z_2	β
5.58 kW	1450 r/min	0.87	11	高速	1.5	30	114	10°56′33″
				低速	3.0	26	76	9°12′51″

技术要求

1.在装配前所有零件用煤油清洗，滚动轴承用汽油清洗，箱体内不允许有任何杂物存在。

2.调整、固定轴承时应留轴向间隙，Δ=0.25～0.4。

3.箱体内装全损耗系统用油L-AN68至规定高度。

4.减速器剖分面、各接触面及密封处均不允许漏油，剖分面允许涂以密封胶或水玻璃，不允许使用垫片。

5.接触斑点沿齿高≥45%，沿齿宽不小于60%。

6.减速器外表面涂灰色油漆。

序号	名称	数量	材料	标准	备注
…	…				
15	高速轴	1	45		
14	销 8×30	2	35	GB/T 117—2000	
13	透盖	1	HT150		
12	毡圈油封	1	半粗羊毛毡		
11	键 8×7×56	1	45	GB/T1096—2003	
10	滚动轴承7207C	2		GB/T292—2007	成对使用
09	挡油环	2	Q235A		
08	挡油环	2	Q235A		
07	端盖	2	HT150		
06	滚动轴承 7311C	2		GB/T292—2007	成对使用
05	键 18×11×56	1	45	GB/T 1096—2003	
04	端盖	1	HT150		成组使用
03	调整垫片	2	08F		
02	挡油环	2	Q235A		
01	齿轮	1	45		

二级圆柱齿轮减速器		比例		图号	
		数量		材料	
设计	(日期)	(课程名称)		(校 名)	
绘图				(班 号)	
审核					

图9-2 二级圆柱齿轮减速器

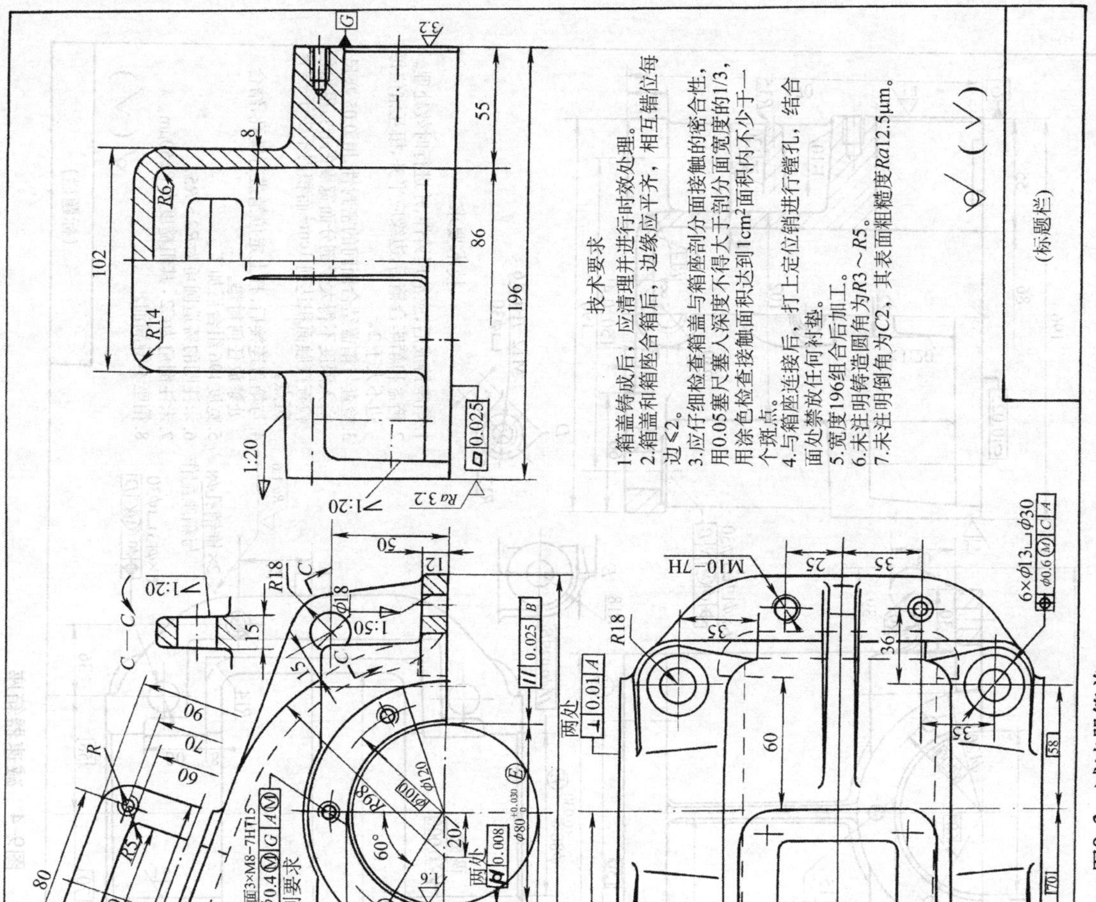
技术要求
1.箱盖铸成后，应清理并进行时效处理。
2.箱盖和箱座合箱后，边缘应平齐，相互错位每边≤2。
3.应仔细检查箱盖与箱座剖分面接触的密合性，用0.05塞尺塞入深度不得大于剖分面宽度的1/3，用涂色检查接触面积达到1cm²面积内不少于一个斑点。
4.与箱座连接后，打上定位销进行镗孔，结合面处禁放任何衬垫。
5.宽度196组合后加工。
6.未注明铸造圆角为R3～R5。
7.未注明倒角为C2，其表面粗糙度Ra12.5μm。
(标题栏)

图9-3 减速器箱盖

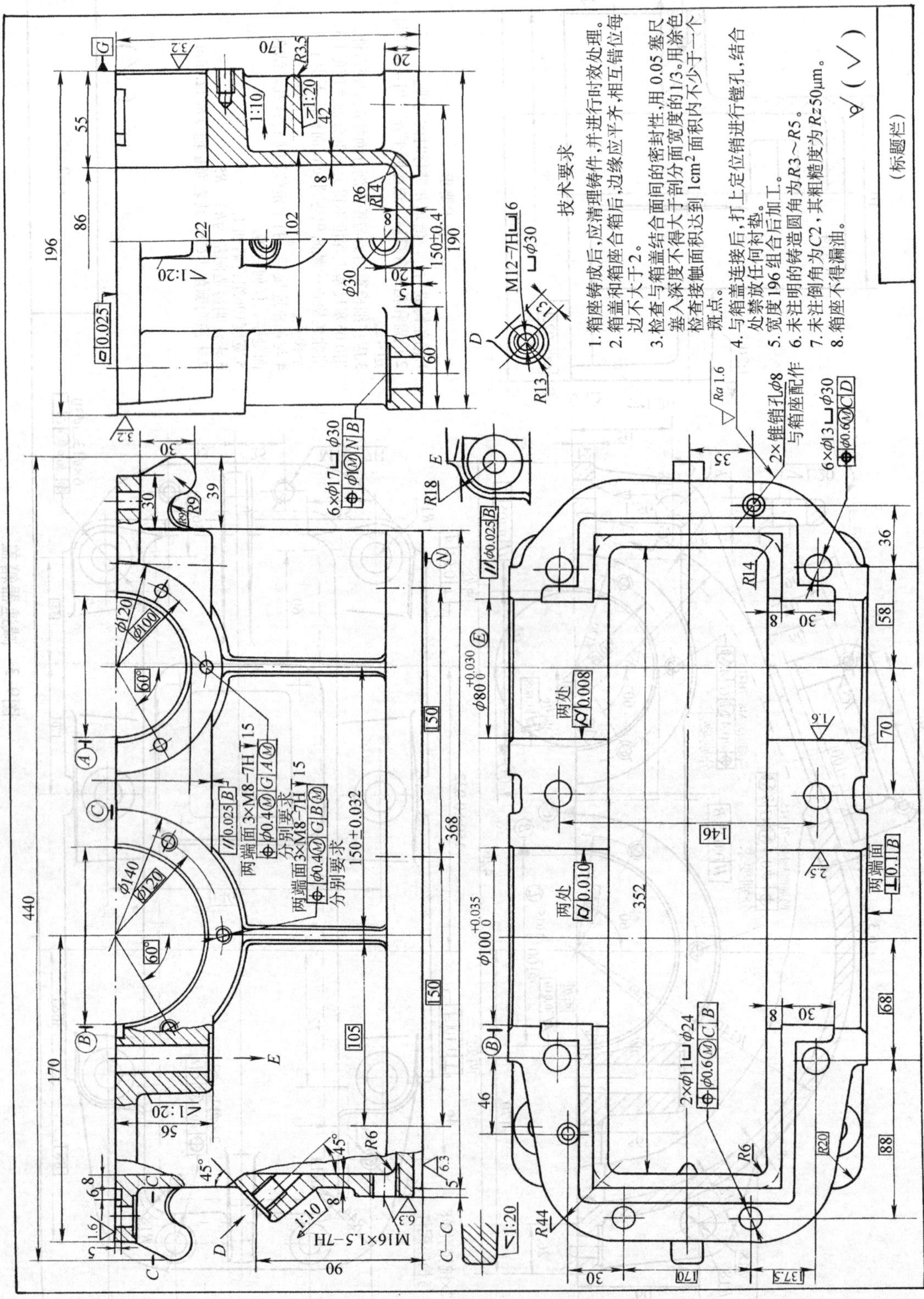
技术要求
1. 箱座铸成后,应清理铸件,并进行时效处理。
2. 箱盖和箱座合箱后,边缘应平齐,相互错位每边不大于2。
3. 检查与箱盖结合面间的密封性,用0.05塞尺塞入深度不得大于剖分面宽度的1/3。用涂色检查接触面积达到1cm²面积内不少于一个斑点。
4. 与箱盖连接后,打上定位销进行镗孔,结合处禁放任何衬垫。
5. 宽度196组合后加工。
6. 未注明的铸造圆角为R3～R5。
7. 未注倒角为C2,其粗糙度为Rz50μm。
8. 箱座不得漏油。
(标题栏)

图9-4　减速器箱座

9.2 零件设计参考图例

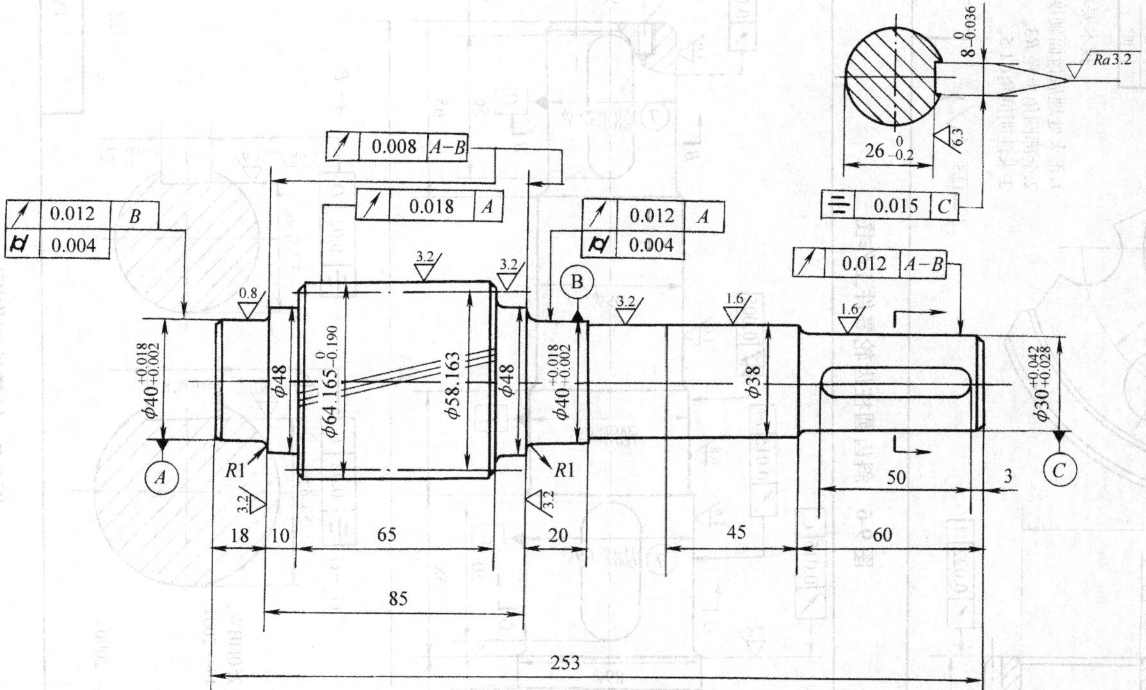

法向模数	m_n	3
齿数	z	19
压力角	α	20°
齿顶高系数	h_a^*	1
螺旋角	β	11°28′42″
螺旋方向	左旋	
径向变位系数	x	0
齿厚	$4.712_{-0.140}^{-0.084}$	
精度等级	GB/T10095.1—2008	
齿轮副中心距及其极限偏差	$a \pm f_a$	150 ±0.032
配对齿轮	图号	图 9-5
	齿数	79
公差组	检验项目代号	公差(或极限偏差)值
Ⅰ	F_r	0.050
Ⅰ	F_w	0.028
Ⅱ	f_f	0.011
Ⅱ	f_{pb}	±0.013
Ⅲ	β	0.016

技术要求

1. 调技处理表面硬度 220～250 HBW。
2. 两端中心孔 B 3.15/10 GB145—2001，表面粗糙度 Ra3.2 μm。
3. 其余圆角半径 R2。
4. 全部倒角 C1.5。
5. 未注尺寸公差按 GB/T 1804—2000。

$\sqrt{Ra\,12.5}$ (√)

（标题栏）

图9-5 齿轮轴零件工作图

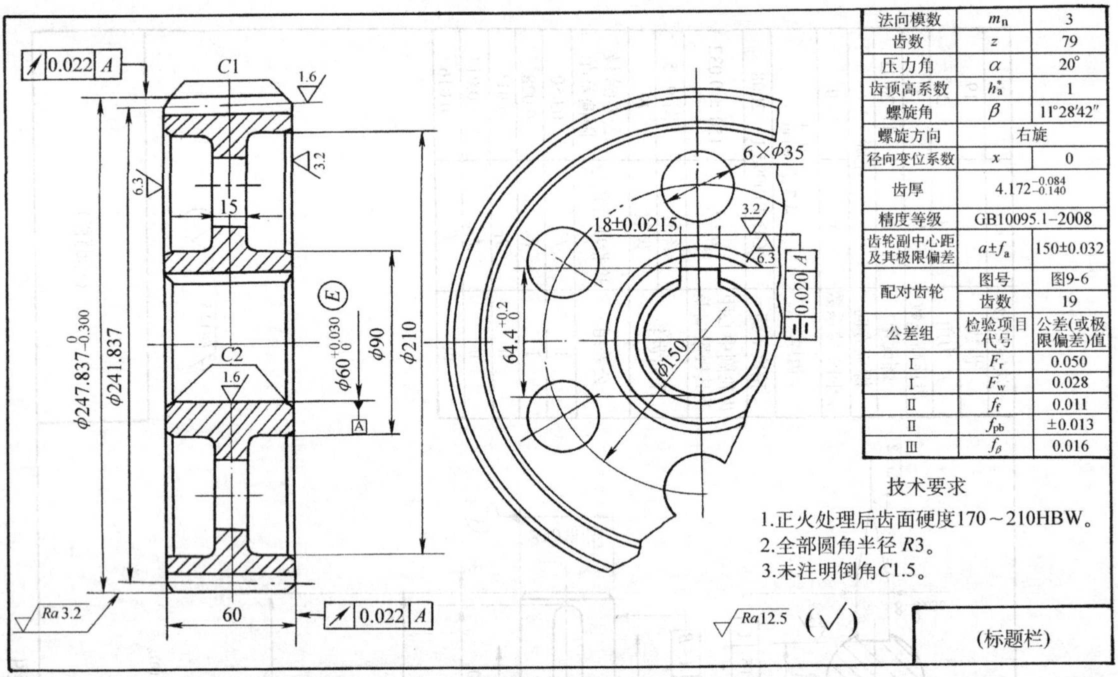

法向模数	m_n	3
齿数	z	79
压力角	α	20°
齿顶高系数	h_a^*	1
螺旋角	β	11°28′42″
螺旋方向	右旋	
径向变位系数	x	0
齿厚	$4.172^{-0.084}_{-0.140}$	
精度等级	GB10095.1—2008	
齿轮副中心距及其极限偏差	$a\pm f_a$	150±0.032
配对齿轮	图号	图9-6
	齿数	19
公差组	检验项目代号	公差(或极限偏差)值
Ⅰ	F_r	0.050
Ⅰ	F_w	0.028
Ⅱ	f_f	0.011
Ⅱ	f_{pb}	±0.013
Ⅲ	f_β	0.016

技术要求

1.正火处理后齿面硬度170～210HBW。
2.全部圆角半径 $R3$。
3.未注明倒角 $C1.5$。

图 9-6 斜齿圆柱齿轮零件工作图

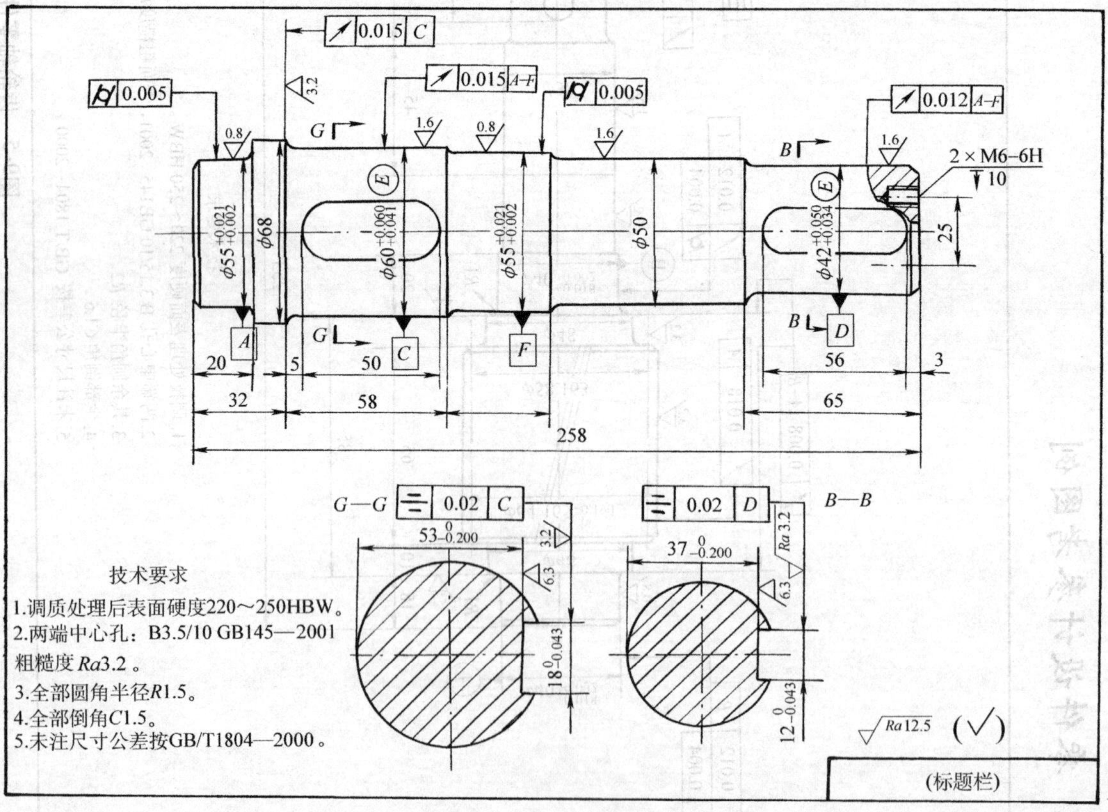

技术要求

1.调质处理后表面硬度220～250HBW。
2.两端中心孔：B3.5/10 GB145—2001
粗糙度 $Ra3.2$ 。
3.全部圆角半径 $R1.5$。
4.全部倒角 $C1.5$。
5.未注尺寸公差按GB/T1804—2000 。

图 9-7 轴零件工作图

9.3　装配图常见错误分析

在减速器设计中，最易出现的错误有几类。

1）箱体结构设计中，主要存在箱体的铸造工艺性、加工工艺性方面的问题。

2）轴系结构设计中，常出现的问题主要有轴上零件的定位问题、加工问题、润滑及密封问题。

在前面的减速器结构设计中，有关减速器结构方面的问题已有许多叙述，这里主要从轴系结构设计中的常见问题进行分析，见表9-1～表9-3。

表9-1　轴系结构设计常见错误分析及改正示例一

正误图例	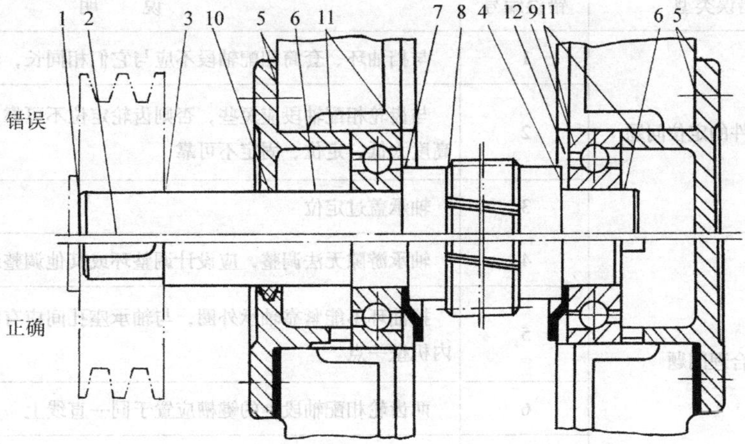		
错误分析	错误类别	错误编号	说　　明
	轴上零件的定位问题	1	与带轮相配处轴端应短些，否则带轮左侧轴向定位不可靠
		2	带轮未考虑周向定位
		3	带轮右侧没有轴向定位
		4	右端轴承左侧没有轴向定位
	工艺不合理问题	5	无调整垫圈，无法调整轴承游隙；箱体与轴承端盖接合处无凸台
		6	精加工面过长，且装拆轴承不便
		7	定位轴肩过高，影响轴承拆卸
		8	齿根圆小于轴肩，未考虑插齿加工齿轮的要求
		9	右端的角接触球轴承外圈有错，排列方向不对
	润滑与密封问题	10	轴承透盖中未设计密封件，且与轴直接接触，缺少间隙
		11	油沟中的油无法进入轴承，且会经轴承内侧流回箱内
		12	应设计挡油环，阻挡过多的稀油进入轴承

表 9-2　轴系结构设计常见错误分析及改正示例二

正误图例

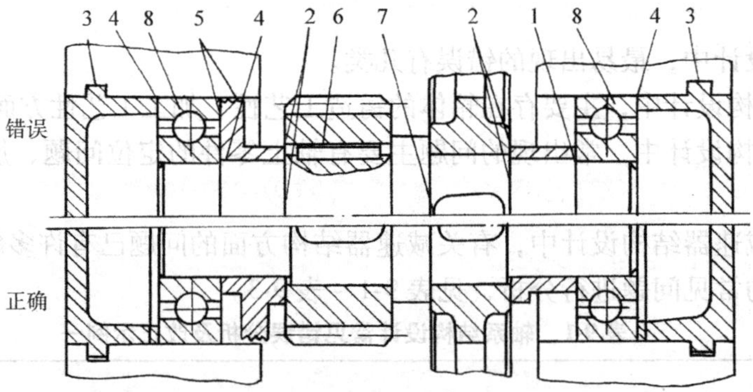

错误分析

错误类型	错误编号	说　明
轴上零件的定位问题	1	与挡油环、套筒相配轴段不应与它们相同长，轴承定位不可靠
	2	与齿轮相配轴段应短些，否则齿轮定位不可靠，且挡油环、套筒定位高度太低，定位、固定不可靠
	3	轴承盖过定位
工艺不合理问题	4	轴承游隙无法调整，应设计调整环或其他调整装置
	5	挡油环不能紧靠轴承外圈，与轴承座孔间应有间隙，且其沟槽应露出内机壁一点
	6	两齿轮相配轴段上的键槽应置于同一直线上
	7	键槽太靠近轴肩，易产生应力集中
绘图标准问题	8	轴承画法错误，外圈、内圈剖面线应同方向

表 9-3　轴承座部位常见错误分析及改正示例三

正误图例

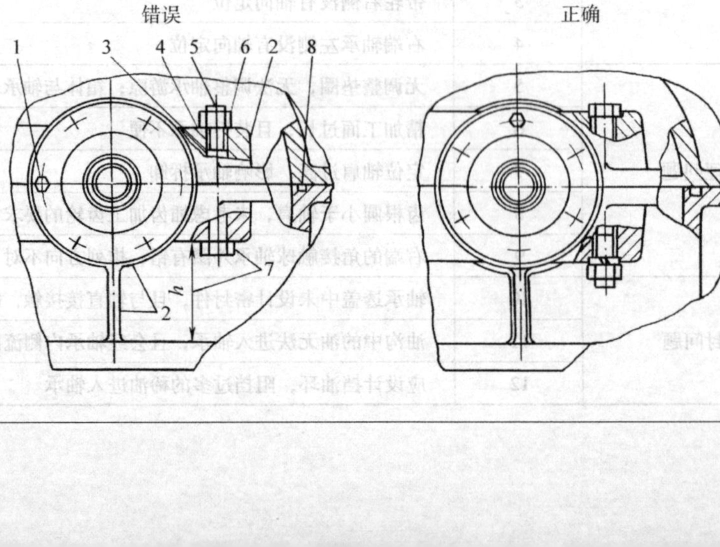

（续）

	错误编号	说　明
错误分析	1	轴承盖螺钉不应设计在剖分面上
	2	轴承座、加强肋及轴承座旁凸台未考虑起模斜度
	3	普通螺栓联接的孔与螺杆之间没有间隙
	4	螺母支承面及螺栓头部与箱体接合面处没有加工凸台或沉头座
	5	联接螺栓距轴承座中心较远，不利于提高联接刚度
	6	螺栓联接没有防松装置
	7	箱体底座凸缘至轴承座凸台之间空间高度 h 不够，螺栓无法由下向上安装
	8	润滑油无法流入箱座凸缘油沟内去润滑轴承

第 10 章　常规设计资料

10.1　一般标准

表 10-1　图纸幅面和格式（GB/T 14689—2008 摘录）　　（单位：mm）

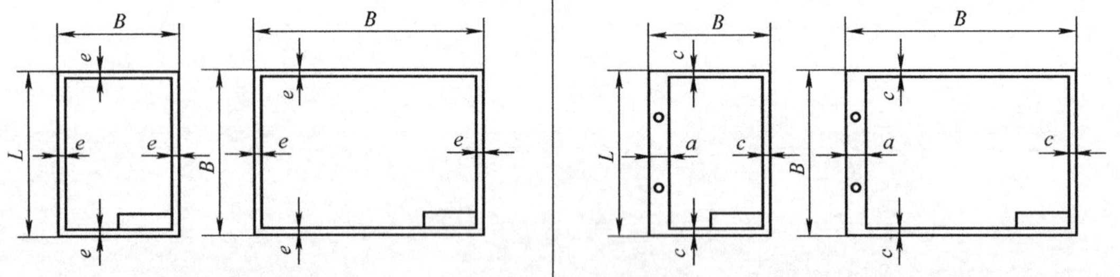

不留装订边　　　　留装订边

基本幅面(第一选择)					必要时允许选用的加长幅面					
					第二选择		第三选择			
幅面代号	$B\times L$	a	c	e	幅面代号	$B\times L$	幅面代号	$B\times L$	幅面代号	$B\times L$
A0	841×1189	25	10	20	A3×3	420×891	A0×2	1189×1682	A3×5	420×1486
A1	594×841				A3×4	420×1189	A0×3	1189×2523	A3×6	420×1783
A2	420×594		5	10	A4×3	297×630	A1×3	841×1783	A3×7	420×2080
A3	297×420				A4×4	297×841	A1×4	841×2378	A4×6	297×1261
A4	210×297				A4×5	297×1051	A2×3	594×1261	A4×7	297×1471
							A2×4	594×1682	A4×8	297×1682
							A2×5	594×2102	A4×9	297×1892

注：加长幅面的图框尺寸：按所选用的基本幅面大一号图框尺寸确定。例如对 A2×3，按 A1 的图框尺寸确定，即 e 为 20(或 c 为 10)；对 A3×4 则按 A2 的图框尺寸确定，即 e 为 10(或 c 为 10)。

表 10-2　图样比例（GB/T 14690—1993 摘录）

种　类	比　例			必要时，允许选取的比例				
原值比例	1:1							
缩小比例	1:2	1:5	1:10	1:1.5	1:2.5	1:3	1:4	1:6
	$1:2\times10^n$	$1:5\times10^n$	$1:10\times10^n$	$1:1.5\times10^n$	$1:2.5\times10^n$	$1:3\times10^n$	$1:4\times10^n$	$1:6\times10^n$
放大比例	5:1	2:1		4:1	2.5:1			
	$5\times10^n:1$	$2\times10^n:1$	$1\times10^n:1$	$4\times10^n:1$	$2.5\times10^n:1$			

注：n 为正整数。

表 10-3 标准尺寸(直径、长度、高度等)(GB/T 2822—2005 摘录) (单位：mm)

*R*10	*R*20	*R*10	*R*20	*R*40	*R*10	*R*20	*R*40	*R*10	*R*20	*R*40	*R*10	*R*20	*R*40
1.25	1.25	12.5	12.5	12.5	40.0	40.0	40.0	125	125	125	400	400	400
	1.40			13.2			42.5			132			425
1.60	1.60		14.0	14.0		45.0	45.0		140	140		450	450
	1.80			15.0			47.5			150			475
2.00	2.00	16.0	16.0	16.0	50.0	50.0	50.0	160	160	160	500	500	500
	2.24			17.0			53.0			170			530
2.50	2.50		18.0	18.0		56.0	56.0		180	180		560	560
	2.80			19.0			60.0			190			600
3.15	3.15	20.0	20.0	20.0	63.0	63.0	63.0	200	200	200	630	630	630
	3.55			21.2			67.0			212			670
4.00	4.00		22.4	22.4		71.0	71.0		224	224		710	710
	4.50			23.6			75.0			236			750
5.00	5.00	25.0	25.0	25.0	80.0	80.0	80.0	250	250	250	800	800	800
	5.60			26.5			85.0			265			850
6.30	6.30		28.0	28.0		90.0	90.0		280	280		900	900
	7.10			30.0			95.0			300			950
8.00	8.00	31.5	31.5	31.5	100	100	100	315	315	315	1000	1000	1000
	9.00			33.5			106			335			1060
10.0	10.0		35.5	35.5		112	112		355	355		1120	1120
	11.2			37.5			118			375			1180

注：1. 选择系列及单个尺寸时，应首先在优先数系 *R* 系列中选用标准尺寸，选用顺序为 *R*10、*R*20、*R*40。如果必须将数值圆整，可在相应的 *R′* 系列(本表未列出)中选用标准尺寸。

2. 本标准适用于机械制造业中有互换性或系列化要求的主要尺寸。其他结构尺寸也应尽量采用。对于由主要尺寸导出的因变量尺寸和工艺上工序间的尺寸，不受本标准限制。对已有专用标准规定的尺寸，可按专用标准选用。

表 10-4 中心孔 (GB/T 145—2001 摘录) (单位：mm)

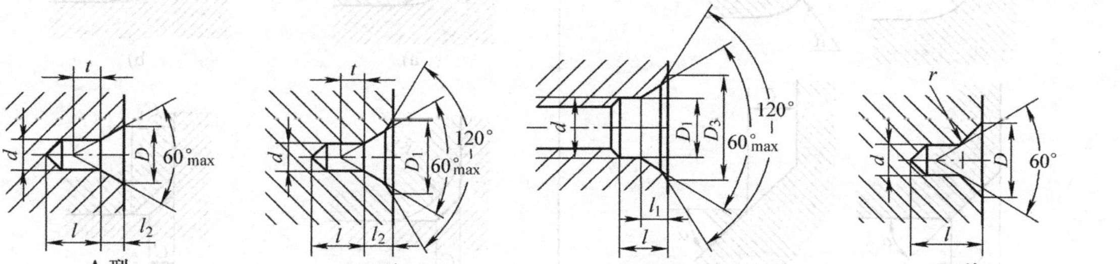

A 型 不带护锥中心孔　B 型 带护锥中心孔　C 型 带螺纹的中心孔　R 型 弧形中心孔

d	D、D_1		l_2(参考)		t(参考)	l_{min}	r_{max}	r_{min}	d	D_1	D_3	l	l_1(参考)	选择中心孔的参考数据		
A，B，R 型	A、R 型	B 型	A 型	B 型	A、B 型	R 型			C 型					原料端部最小直径 D_0	轴状原料最大直径 D_c	工件最大重量/t
1.6	3.35	5.00	1.52	1.99	1.4	3.5	5.00	4.00								
2.00	4.25	6.30	1.95	2.54	1.8	4.4	6.30	5.00						8	>10~18	0.12
2.50	5.30	8.00	2.42	3.20	2.2	5.5	8.00	6.30						10	>18~30	0.2
3.15	6.70	10.00	3.07	4.03	2.8	7.0	10.00	8.00	M3	3.2	5.8	2.6	1.8	12	>30~50	0.5
4.00	8.50	12.50	3.90	5.05	3.5	8.9	12.50	10.00	M4	4.3	7.4	3.2	2.1	15	>50~80	0.8
(5.00)	10.60	16.00	4.85	6.41	4.4	11.2	16.00	12.50	M5	5.3	8.8	4.0	2.4	20	>80~120	1
6.30	13.20	18.00	5.98	7.36	5.5	14.0	20.00	16.00	M6	6.4	10.5	5.0	2.8	25	>120~180	1.5
(8.00)	17.00	22.40	7.79	9.36	7.0	17.9	25.00	20.00	M8	8.4	13.2	6.0	3.3	30	>180~220	2
10.00	21.20	28.00	9.70	11.66	8.7	22.5	31.50	25.00	M10	10.5	16.3	7.5	3.8	35	>180~220	2.5
									M12	13.0	19.8	9.5	4.4	42	>220~260	3

注：1. A 型和 B 型中心孔的尺寸 *l* 取决于中心钻的长度，此值不应小于 *t* 值。

2. 括号内的尺寸尽量不采用。

3. 选择中心孔的参考数值不属 GB/T 145—2001 内容，仅供参考。

表 10-5　中心孔表示法（GB/T 4459.5—1999 摘录）

要　求	符　号	表示法示例	说　明
在完工的零件上要求保留中心孔	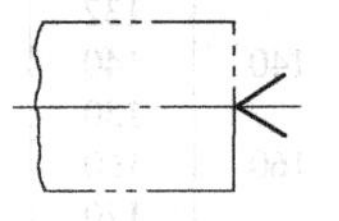	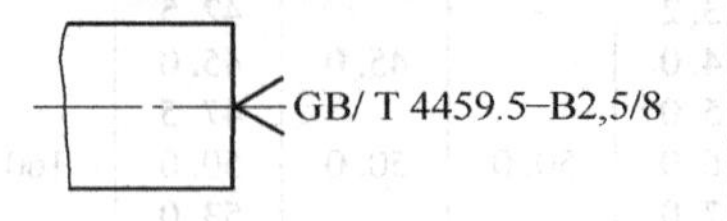	采用 B 型中心孔 $D=2.5$mm　$D_1=8$mm 在完工的零件上要求保留
在完工的零件上可以保留中心孔	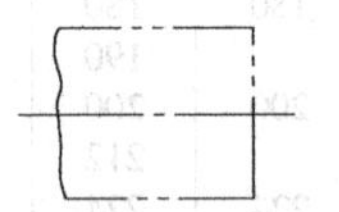	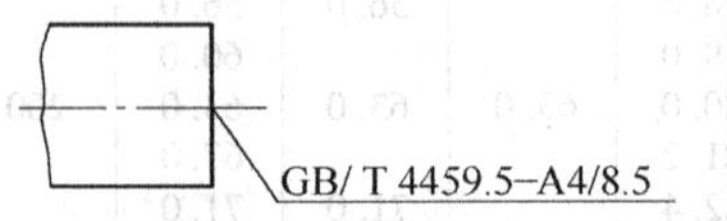	采用 A 型中心孔 $D=4$mm　$D_1=8.5$mm 在完工的零件上是否保留都可以
在完工的零件上不允许保留中心孔	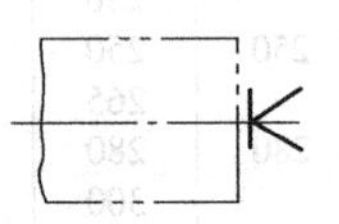		采用 A 型中心孔 $D=1.6$mm　$D_1=3.35$mm 在完工的零件上不允许保留

表 10-6　零件倒圆与倒角（GB/T 6403.4—2008 摘录）　　　（单位：mm）

倒圆、倒角形式

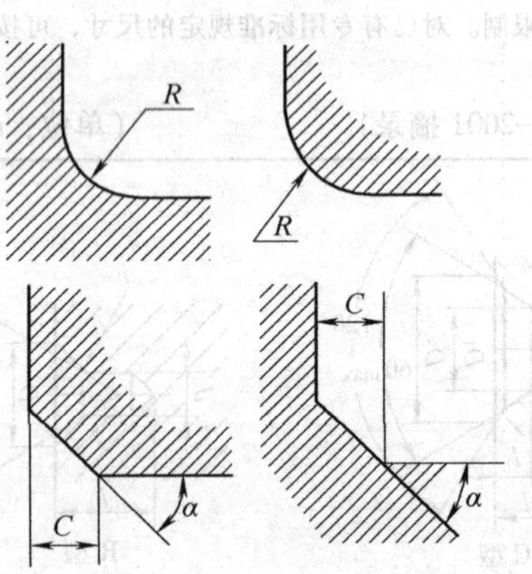

内角、外角分别为倒圆、倒角(45°)的四种装配形式

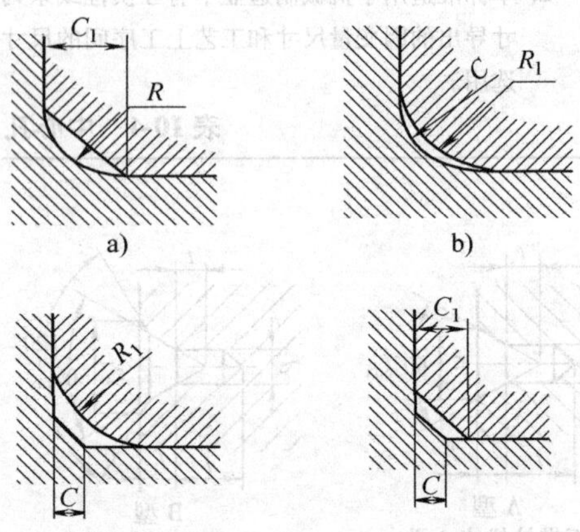

a)　b)　c)　d)

倒圆、倒角尺寸	R 或 C	0.1	0.2	0.3	0.4	0.5	0.6	0.8	1.0	1.2	1.6	2.0	2.5	3.0
		4.0	5.0	6.0	8.0	10	12	16	20	25	32	40	50	—

与直径 ϕ 相应的倒角 C、倒圆 R 的推荐值

ϕ	>6~10	>10~18	>18~30	>30~50	>50~80	>80~120	>120~180	>180~250	>250~320
C 或 R	0.6	0.8	1.0	1.6	2.0	2.5	3.0	4.0	5.0

内角倒角，外角倒圆时 C_{max} 与 R_1 的关系（参见右上图 c）

R_1	0.4	0.5	0.6	0.8	1.0	1.2	1.6	2.0	2.5	3.0	4.0	5.0	6.0	8.0	10	12	16	20
C_{max}	0.2		0.3	0.4	0.5	0.6	0.8	1.0	1.2	1.6	2.0	2.5	3.0	4.0	5.0	6.0	8.0	10

注：α 一般采用 45°，也可采用 30°或 60°。

表10-7　铸造斜度

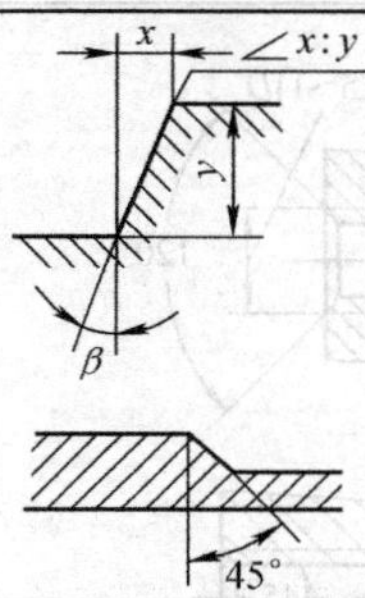

斜度 x:y	角度 β	使用范围
1:5	11°30′	y<25mm 的钢和铁铸件
1:10 1:20	5°30′ 3°	y=25~500mm 时的钢和铁铸件
1:50	1°	y>500mm 时的钢和铁铸件
1:100	30′	有色金属铸件

注：当设计不同壁厚的铸件时，在转折点处的斜角最大还可增大到30°~45°。

表10-8　铸造过渡斜度　（单位：mm）

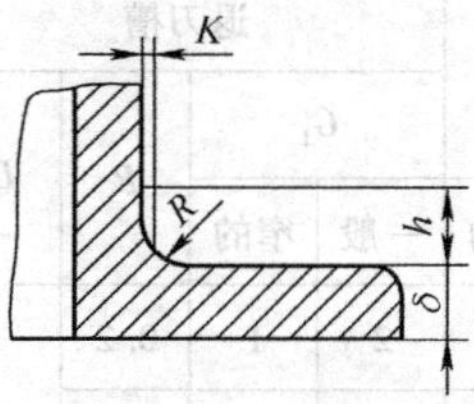

适用于减速器、连接管、气缸及其他连接法兰

铸铁和铸钢件壁厚 δ	K	h	R
10~15	3	15	5
>15~20	4	20	5
>20~25	5	25	5
>25~30	6	30	8
>30~35	7	35	8
>35~40	8	40	10
>40~45	9	45	10
>45~50	10	50	10

表10-9　铸造外圆角

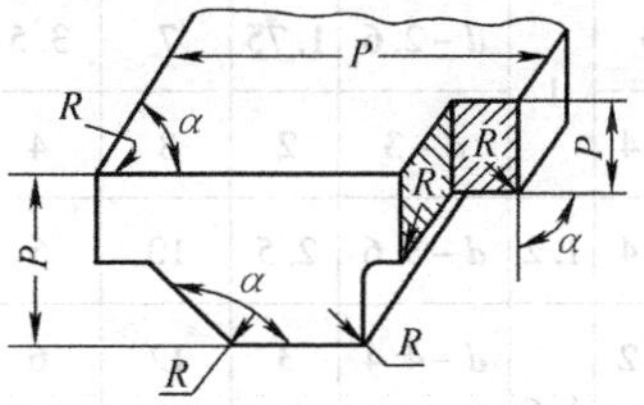

表面的最小边尺寸 P/mm	R/mm 外圆角 α <50°	51°~75°	76°~105°	106°~135°	136°~165°	>165°
≤25	2	2	2	4	6	8
>25~60	2	4	4	6	10	16
>60~160	4	4	6	8	16	25
>160~250	4	6	8	12	20	30
>250~400	6	8	10	16	25	40
>400~600	6	8	12	20	30	50

表 10-10　普通螺纹收尾、肩距、退刀槽和倒角（GB/T 3—1997 摘录）（单位：mm）

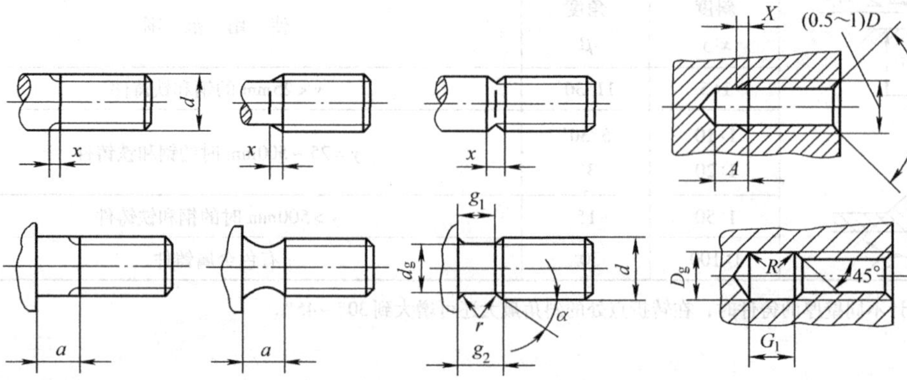

外螺纹										内螺纹								
螺距 P	收尾 x max		肩距 a max			退刀槽				螺距 P	收尾 x max		肩距 A		退刀槽			
	一般	短的	一般	长的	短的	g_2 max	g_1 min	$r\approx$	d_g		一般	短的	一般	长的	G_1 一般	G_1 窄的	R	D_g
0.5	1.25	0.7	1.5	2	1	1.5	0.8	0.2	$d-0.8$	0.5	2	1	3	4	2	1	0.2	$d+0.3$
0.7	1.75	0.9	2.1	2.8	1.4	2.1	1.1	0.4	$d-1.1$	0.7	2.8	1.4	3.5	5.6	2.8	1.4	0.4	
0.8	2	1	2.4	3.2	1.6	2.4	1.3		$d-1.3$	0.8	3.2	1.6	4	6.4	3.2	1.6		
1	2.5	1.25	3	4	2	3	1.6	0.6	$d-1.6$	1	4	2	5	8	4	2	0.5	$d+0.5$
1.25	3.2	1.6	4	5	2.5	3.75	2		$d-2$	1.25	5	2.5	6	10	5	2.5	0.6	
1.5	3.8	1.9	4.5	6	3	4.5	2.5	0.8	$d-2.3$	1.5	6	3	7	12	6	3	0.8	
1.75	4.3	2.2	5.3	7	3.5	5.25	3	1	$d-2.6$	1.75	7	3.5	9	14	7	3.5	0.9	
2	5	2.5	6	8	4	6	3.4		$d-3$	2	8	4	10	16	8	4	1	
2.5	6.3	3.2	7.5	10	5	7.5	4.4	1.2	$d-3.6$	2.5	10	5	12	18	10	5	1.2	
3	7.5	3.8	9	12	6	9	5.2	1.6	$d-4.4$	3	12	6	14	22	12	6	1.5	
3.5	9	4.5	10.5	14	7	10.5	6.2		$d-5$	3.5	14	7	16	24	14	7	1.8	
4	10	5	12	16	8	12	7	2	$d-5.7$	4	16	8	18	26	16	8	2	
4.5	11	5.5	13.5	18	9	13.5	8	2.5	$d-6.4$	4.5	18	9	21	29	18	9	2.2	
5	12.5	6.3	15	20	10	15	9		$d-7$	5	20	10	23	32	20	10	2.5	
5.5	14	7	16.5	22	11	17.5	11	3.2	$d-7.7$	5.5	22	11	25	35	22	11	2.8	
6	15	7.5	18	24	12	18	11		$d-8.3$	6	24	12	28	38	24	12	3	

注：1. 外螺纹始端端面的倒角一般为45°，也可采用60°或30°。当螺纹按60°或30°倒角时，倒角深度应大于或等于螺纹牙型高度。

2. 应优先选用“一般”长度的收尾和肩距：“短”收尾和“短”肩距仅用于结构受限制的螺纹件。

表 10-11 回转面及端面砂轮越程槽（GB/T 6403.5—2008 摘录） （单位：mm）

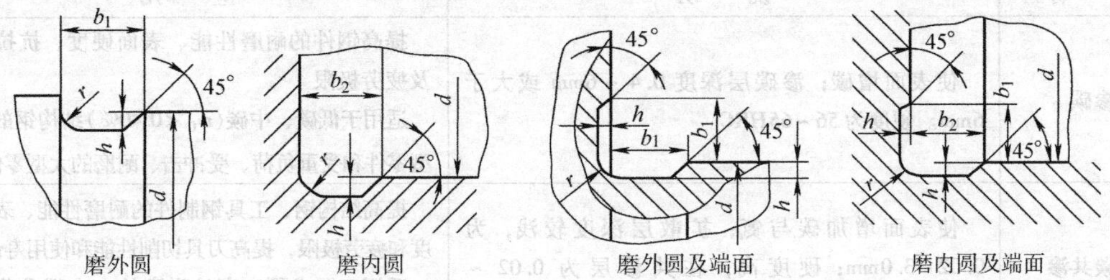

d	~10			10~50		50~100		100	
b_1	0.6	1.0	1.6	2.0	3.0	4.0	5.0	8.0	10
b_2	2.0	3.0		4.0		5.0		8.0	10
h	0.1	0.2		0.3	0.4		0.6	0.8	1.2
r	0.2	0.5		0.8	1.0		1.6	2.0	3.0

表 10-12 轴肩和轴环尺寸（参考） （单位：mm）

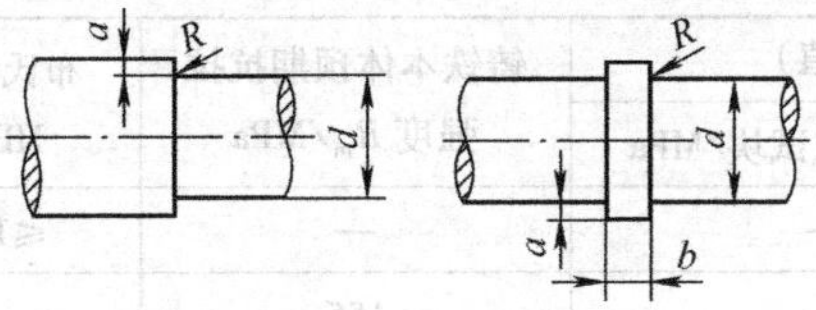

$a=(0.07\sim0.1)d$

$B\approx1.4a$

定位用 $a>R$

R—倒圆半径

10.2 常用金属材料

表 10-13 钢的常用热处理方法及应用

名称	说明	应用
退火	退火是将钢件（或钢坯）加热到临界温度以上30~50℃保温一段时间，然后再缓慢地冷却下来（一般用炉冷）	用来消除铸、锻、焊零件的内应力，降低硬度，以易于切削加工，细化金属晶粒，改善组织，增加韧度
正火	正火是将钢件加热到临界温度以上，保温一段时间，然后用空气冷却，冷却速度比退火快	用来处理低碳和中碳结构钢材及渗碳零件，使其组织细化，增加强度及韧度，减少内应力，改善切削性能
淬火	淬火是将钢件加热到临界点以上温度，保温一段时间，然后放入水、盐水或油中（个别材料在空气中）急剧冷却，使其得到高硬度	用来提高钢的硬度和强度极限。但淬火时会引起内应力，使钢变脆，所以淬火后必须回火
回火	回火是将淬硬的钢件加热到临界点温度以下，保温一段时间，然后在空气中或油中冷却下来	用来消除淬火后的脆性和内应力，提高钢的塑性和冲击韧度
调质	淬火后高温回火	用来使钢获得高的韧度和足够的强度，很多重要零件是经过调质处理的
表面淬火	使零件表层有高的硬度和耐磨性，而心部保持原有的强度和韧度	常用来处理轮齿的表面

（续）

名　　称	说　　明	应　　用
渗碳	使表面增碳；渗碳层深度 0.4 ~ 6mm 或大于 6mm。硬度为 56 ~ 65HRC	提高钢件的耐磨性能、表面硬度、抗拉强度及疲劳极限 适用于低碳、中碳（$w_C<0.40\%$）结构钢的中小型零件和受重负荷、受冲击、耐磨的大型零件
氮碳共渗	使表面增加碳与氮；扩散层深度较浅，为 0.02 ~ 3.0mm；硬度高，在共渗层为 0.02 ~ 0.04mm 时具有 66 ~ 70HRC	提高结构钢、工具钢制件的耐磨性能、表面硬度和疲劳极限，提高刀具切削性能和使用寿命 适用于要求硬度高且耐磨的中小型及薄片的零件和刀具等
渗氮	表面增氮，氮化层为 0.025 ~ 0.8mm，而渗氮时间需 40 ~ 50h，硬度很高（1200HV），耐磨、抗蚀性能高	提高钢件的耐磨性能、表面硬度、疲劳极限和抗蚀能力 适用于结构钢和铸铁件，如气缸套、气门座、机床主轴、丝杠等耐磨零件，以及在潮湿碱水和燃烧气体介质的环境中工作的零件，如水泵轴、排气阀等零件

表 10-14　灰铸铁的抗拉强度和硬度（GB/T 9439—2010 摘录）

牌　　号	铸铁壁厚/mm		最小抗拉强度 R_m（强制性值）		铸铁本体预期抗拉强度 R_m/MPa	布氏硬度 HBW
	>	≤	单铸试棒/MPa	附铸试棒或试块/MPa		
HT100	5	40	100	—	—	≤170
HT150	5	10	150	—	155	125 ~ 205
	10	20		—	130	
	20	40		120	110	
	40	80		110	95	
HT200	5	10	200	—	205	150 ~ 230
	10	20		—	180	
	20	40		170	155	
	40	80		150	130	
HT225	5	10	225	—	230	170 ~ 240
	10	20		—	200	
	20	40		190	170	
	40	80		170	150	
HT250	5	10	250	—	250	180 ~ 250
	10	20		—	225	
	20	40		210	195	
	40	80		190	170	
HT275	10	20	275	—	250	190 ~ 260
	20	40		230	220	
	40	80		205	190	

（续）

牌　号	铸铁壁厚/mm		最小抗拉强度 σ_b（强制性值）		铸铁本体预期抗拉强度 σ_b/MPa	布氏硬度 HBW
	>	≤	单铸试棒/MPa	附铸试棒或试块/MPa		
HT300	10	20	300	—	270	200～275
	20	40		250	240	
	40	80		220	210	
HT350	10	20	350	—	315	220～290
	20	40		290	280	
	40	80		260	250	

表 10-15　优质碳素结构钢（GB/T 699—1999 摘录）

牌号	推荐热处理/℃			试件毛坯尺寸/mm	力学性能					钢材交货状态硬度 HBW		应用举例
					抗拉强度 σ_b	屈服强度 σ_s	伸长率 δ_5	断面收缩率 ψ	冲击吸收功 A_K			
					MPa		（%）		J	未热处理	退火钢	
	正火	淬火	回火		不小于		不小于		不小于	不大于		
08F	930			25	295	175	35	60		131		垫片、垫圈、管材、摩擦片等
10	930			25	335	205	31	55		137		拉杆、卡头、垫片、垫圈等
20	910			25	410	245	25	55		156		杠杆、轴套、螺钉、吊钩等
25	900	870	600	25	450	275	23	50	71	170		轴、辊子、联轴器、垫圈、螺栓等
35	870	850	600	25	530	315	20	45	55	197		连杆、圆盘、轴销、轴等
40	860	840	600	25	570	335	19	45	47	217	187	齿轮、链轮、轴、键、销、轧辊、曲柄销、活塞杆、圆盘等
45	850	840	600	25	600	355	16	40	39	229	197	
50	830	830	600	25	630	375	14	40	31	241	207	齿轮、轧辊、轴、圆盘等
60	810			25	675	400	12	35		255	229	轧辊、弹簧、凸轮、轴等
20Mn	910			25	450	275	24	50		197		凸轮、齿轮、联轴器、铰链等
30Mn	880	860	600	25	540	315	20	45	63	217	187	螺栓、螺母、杠杆、制动踏板等

（续）

牌号	推荐热处理/℃			试件毛坯尺寸/mm	力学性能					钢材交货状态硬度 HBW		应用举例
					抗拉强度 σ_b	屈服强度 σ_s	伸长率 δ_5	断面收缩率 ψ	冲击吸收功 A_K			
	正火	淬火	回火		MPa		（%）		J	未热处理	退火钢	
					不小于		不小于		不小于	不大于		
40Mn	860	840	600	25	590	355	17	45	47	229	207	轴、曲轴、连杆、螺栓、螺母等
50Mn	830	830	600	25	645	390	13	40	31	255	217	齿轮、轴、凸轮、摩擦盘等
65Mn	810			25	735	430	9	30		285	229	弹簧、弹簧垫圈等

注：热处理推荐保温时间为：正火不小于 30min，空冷；淬火不小于 30min，水冷；回火不小于 1h。

表 10-16　合金结构钢（GB/T 3077—1999 摘录）

牌号	热处理				截面尺寸（试样直径）/mm	力学性能					硬度		应用举例
	淬火		回火			抗拉强度 σ_b	屈服强度 σ_s	伸长率 δ_5	断面收缩率 ψ	冲击吸收功 A_K	钢材退火或高温回火供应状态的布氏硬度		
	温度/℃	冷却剂	温度/℃	冷却剂		MPa		（%）		J	压痕直径/mm 不小于	HBW① 不大于	
						≥							
20Mn2	850 880	水、油 水、油	200 440	水、空气 水、空气	15	785	590	10	40	47	4.4	187	小齿轮、小轴、钢套、链板等，渗碳淬火 56～62HRC
35Mn2	840	水	500	水	25	835	685	12	45	55	4.2	207	重要用途的螺栓及小轴等，可代 40Cr，表面淬火 40～50HRC
35SiMn 42SiMn	900 880	水	570 590	水、油 水	25	885	735	15	45 40	47	4.0	229	冲击韧度高，可代替 40Cr，部分代替 40CrNi，用于轴、齿轮、紧固件等，表面淬火 45～55HRC
20SiMnVB	900	油	200	水、空气	15	1175	980	10	45	55	4.2	207	可代替 18CrMnTi、20CrMnTi 做齿轮等，渗碳淬火 56～62HRC
37SiMn2-MoV	870	水、油	650	水、空气	25	980	835	12	50	63	3.7	269	重要的轴、连杆、齿轮、曲轴表面淬火 50～55HRC

（续）

牌号	热处理				截面尺寸（试样直径）/mm	力学性能					硬度		应用举例
	淬火		回火			抗拉强度 σ_b	屈服强度 σ_s	伸长率 δ_5	断面收缩率 ψ	冲击吸收功 A_K	钢材退火或高温回火供应状态的布氏硬度		
	温度/℃	冷却剂	温度/℃	冷却剂		MPa		（%）		J	压痕直径/mm 不小于	HBW① 不大于	
						≥							
35CrMo	850	油	550	水、油	25	980	835	12	45	63	4.0	227	可代替40CrNi做大截面齿轮和重载传动轴等，表面淬火56～62HRC
40Cr	850	油	520	水、油	25	980	785	9	45	47	4.2	207	重要调质零件、如齿轮、轴、曲轴、连杆、螺栓等，表面淬火48～55HRC
20CrNi	850	水、油	460	水、油	25	785	590	10	50	63	4.3	197	重要渗碳零件，如齿轮、轴、花键轴、活塞销等
20CrMnTi	第1次880 第2次870	油	200	水、空气	15	1080	835	10	45	55	4.1	217	是18CrMnTi的代用钢，用于要求强度、韧度高的重要渗碳零件，如齿轮、轴、蜗杆、离合器等

① 为参考值。

10.3 齿轮常用精度等级

表 10-17　不同机器中常用的齿轮精度等级

机器类别	精度等级	机器类别	精度等级	机器类别		精度等级
测量齿轮	3～5	轻型汽车	5～8	一般减速器	高硬齿面	4～7
透平机用减速器	3～6	重型汽车	6～9		中低硬齿面	6～8
金属切削机床	3～8	内燃机车、电气机车	5～8	起重机械		7～10
航空发动机	4～7	拖拉机、轧钢设备的小齿轮	6～10	农用机械		8～11

第11章 滚动轴承

11.1 深沟球轴承

表11-1 深沟球轴承（GB/T 276—2013，GB/T 5826—2003 摘录）

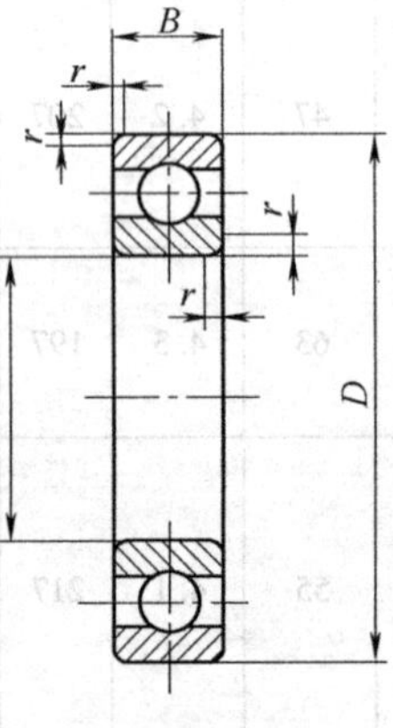

深沟球轴承60000型

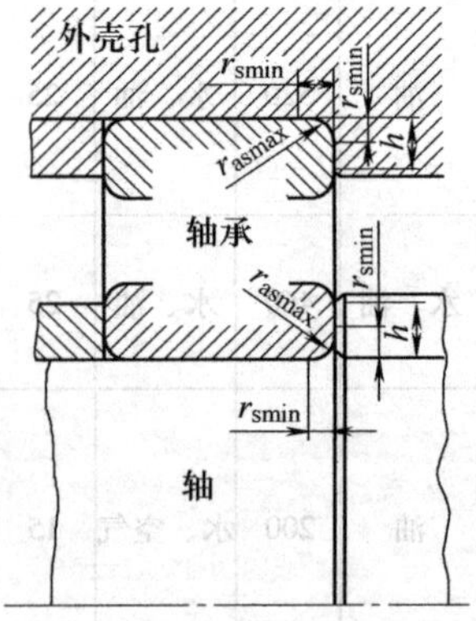

安装尺寸

F_a/C_{0r}	e	Y	径向当量动载荷	径向当量静载荷
0.014	0.19	2.3	当 $F_a/F_r \leqslant e$，$P_r = F_r$ 当 $F_a/F_r > e$，$P_r = 0.56F_r + YF_a$	当 $F_a/F_r \leqslant e$，$P_{0r} = F_r$ 当 $F_a/F_r > e$，$P_{0r} = 0.6F_r + 0.5F_a$
0.028	0.22	1.99		
0.056	0.26	1.71		
0.084	0.28	1.55		
0.11	0.3	1.45		
0.17	0.34	1.31		
0.28	0.38	1.15		
0.42	0.42	1.04		
0.56	0.44	1		

轴承代号	外形尺寸/mm				安装尺寸/mm		基本额定动载荷 C_r/kN	基本额定静载荷 C_{1r}/kN	极限转速/$r \cdot min^{-1}$	
	d	D	B	r_{smin}	r_{asmax}	h_{min}			脂润滑	油润滑
(1) 0尺寸系列										
6000	10	26	8	0.3	0.3	1.2	4.58	1.98	20000	28000
6001	12	28	8	0.3	0.3	1.2	5.10	2.38	19000	26000
6002	15	32	9	0.3	0.3	1.2	5.58	2.85	18000	24000
6003	17	35	10	0.3	0.3	1.2	6.00	3.25	17000	22000
6004	20	42	12	0.6	0.6	2.5	9.38	5.02	15000	19000
60/22	22	44	12	0.6	0.6	2.5			14000	18000

（续）

轴承代号	外形尺寸/mm				安装尺寸/mm		基本额定动载荷 C_r/kN	基本额定静载荷 C_{0r}/kN	极限转速/r·min^{-1}	
	d	D	B	r_{smin}	r_{asmax}	h_{min}			脂润滑	油润滑
					(1) 0尺寸系列					
6005	25	47	12	0.6	0.6	2.5	10.0	5.85	13000	17000
60/28	28	52	12	0.6	0.6	2.5			11500	15500
6006	30	55	13	0.6	0.6	2.5	13.2	8.30	10000	14000
60/32	32	58	13	1	1	3			9500	13000
6007	35	62	14	1	1	3	16.2	10.5	9000	12000
6008	40	68	15	1	1	3	17.0	11.8	8500	11000
6009	45	75	16	1	1	3	21.0	14.8	8000	10000
6010	50	80	16	1	1	3	22.0	16.2	7000	9000
6011	55	90	18	1.1	1.1	3.5	30.2	21.8	6300	8000
6012	60	95	18	1.1	1.1	3.5	31.5	24.2	6000	7500
6013	65	100	18	1.1	1.1	3.5	32.0	24.8	5600	7000
6014	70	110	20	1.1	1.1	3.5	38.5	30.5	5300	6700
6015	75	115	20	1.1	1.1	3.5	40.2	33.2	5000	6300
6016	80	125	22	1.1	1.1	3.5	47.5	39.8	4800	6000
6017	85	130	22	1.1	1.1	3.5	50.8	42.8	4500	5600
6018	90	140	24	1.5	1.5	4.5	58.0	49.8	4300	5300
6019	95	145	24	1.5	1.5	4.5	57.8	50.0	4000	5000
6020	100	150	24	1.5	1.5	4.5	64.5	56.2	3800	4800
					(0) 2尺寸系列					
6200	10	30	9	0.6	0.6	2.5	5.10	2.38	19000	26000
6201	12	32	10	0.6	0.6	2.5	6.82	3.05	18000	24000
6202	15	35	11	0.6	0.6	2.5	7.65	3.72	17000	22000
6203	17	40	12	0.6	0.6	2.5	9.58	4.78	16000	20000
6204	20	47	14	1	1	3	12.8	6.65	14000	18000
62/22	22	50	14	1	1	3			13000	17000
6205	25	52	15	1	1	3	14.0	7.88	12000	16000
62/28	28	58	16	1	1	3			11000	14500
6206	30	62	16	1	1	3	19.5	11.5	9500	13000
62/32	32	65	17	1	1	3			9000	12000
6207	35	72	17	1.1	1.1	3.5	25.5	15.2	8500	11000
6208	40	80	18	1.1	1.1	3.5	29.5	18.0	8000	10000
6209	45	85	19	1.1	1.1	3.5	31.5	20.5	7000	9000
6210	50	90	20	1.1	1.1	3.5	35.0	23.2	6700	8500
6211	55	100	21	1.5	1.5	4.5	43.2	29.2	6000	7500
6212	60	110	22	1.5	1.5	4.5	47.8	32.8	5600	7000
6213	65	120	23	1.5	1.5	4.5	57.2	40.0	5000	6300
6214	70	125	24	1.5	1.5	4.5	60.8	45.0	4800	6000
6215	75	130	25	1.5	1.5	4.5	66.0	49.5	4500	5600
6216	80	140	26	2	2	5	71.5	54.2	4300	5300
6217	85	150	28	2	2	5	83.2	63.8	4000	5000
6218	90	160	30	2	2	5	95.8	71.5	3800	4800
6219	95	170	32	2.1	2	6	110	82.8	3600	4500
6220	100	180	34	2.1	2	6	122	92.8	3400	4300

（续）

轴承代号	外形尺寸/mm			安装尺寸/mm			基本额定动载荷 C_r/kN	基本额定静载荷 C_{1r}/kN	极限转速/r·min^{-1}	
	d	D	B	r_{smin}	r_{asmax}	h_{min}			脂润滑	油润滑
					(0) 3 尺寸系列					
6300	10	35	11	0.6	0.6	2.5	7.65	3.48	18000	24000
6301	12	37	12	1	1	3	9.72	5.08	17000	22000
6302	15	42	13	1	1	3	11.5	5.42	16000	20000
6303	17	47	14	1	1	3	13.5	6.58	15000	19000
6304	20	52	15	1.1	1.1	3.5	15.8	7.88	13000	17000
63/22	22	56	16	1.1	1.1	3.5			12000	15000
6305	25	62	17	1.1	1.1	3.5	22.2	11.5	10000	14000
63/28	28	68	18	1.1	1.1	3.5			9500	13000
6306	30	72	19	1.1	1.1	3.5	27.0	15.2	9000	12000
63/32	32	75	20	1.1	1.1	3.5			8500	11000
6307	35	80	21	1.5	1.5	4.5	33.2	19.2	8000	10000
6308	40	90	23	1.5	1.5	4.5	40.8	24.0	7000	9000
6309	45	100	25	1.5	1.5	4.5	52.8	31.8	6300	8000
6310	50	110	27	2	2	5	61.8	38.0	6000	7500
6311	55	120	29	2	2	5	71.5	44.8	5300	6700
6312	60	130	31	2.1	2	6	81.8	51.8	5000	6300
6313	65	140	33	2.1	2	6	93.8	60.5	4500	5600
6314	70	150	35	2.1	2	6	105	68.0	4300	5300
6315	75	160	37	2.1	2	6	112	76.8	4000	5000
6316	80	170	39	2.1	2	6	122	86.5	3800	4800
6317	85	180	41	3	2.5	7	132	96.5	3600	4500
6318	90	190	43	3	2.5	7	145	108	3400	4300
6319	95	200	45	3	2.5	7	155	122	3200	4000
6320	100	215	47	3	2.5	7	172	140	2800	3600
					(0) 4 尺寸系列					
6403	17	62	17	1.1	1.1	3.5	22.5	10.8	11000	15000
6404	20	72	19	1.1	1.1	3.5	31.0	15.2	9500	13000
6305	25	80	21	1.5	1.5	4.5	38.2	19.2	8500	11000
6306	30	90	23	1.5	1.5	4.5	47.5	24.5	8000	10000
6407	35	100	25	1.5	1.5	4.5	56.8	29.5	6700	8500
6408	40	110	27	2	2	5	65.5	37.5	6300	8000
6409	45	120	29	2	2	5	77.5	45.5	5600	7000
6410	50	130	31	2.1	2	6	92.2	55.2	5300	6700
6411	55	140	33	2.1	2	6	100	62.5	4800	6000
6412	60	150	35	2.1	2	6	108	70.0	4500	5600
6413	65	160	37	2.1	2	6	118	78.5	4300	5300
6414	70	180	42	3	2.5	7	140	99.5	3800	4800
6415	75	190	45	3	2.5	7	155	115	3600	4500
6416	80	200	48	3	2.5	7	162	125	3400	4300
6417	85	210	52	4	3	9	175	138	3200	4000
6418	90	225	54	4	3	9	192	158	2800	3600
6419	95	240	55	4	3	9				
6420	100	250	58	4	3	9	222	195	2400	3200

11.2 角接触球轴承

表 11-2 角接触球轴承（GB/T 292—2007，GB/T 5826—2003 摘录）

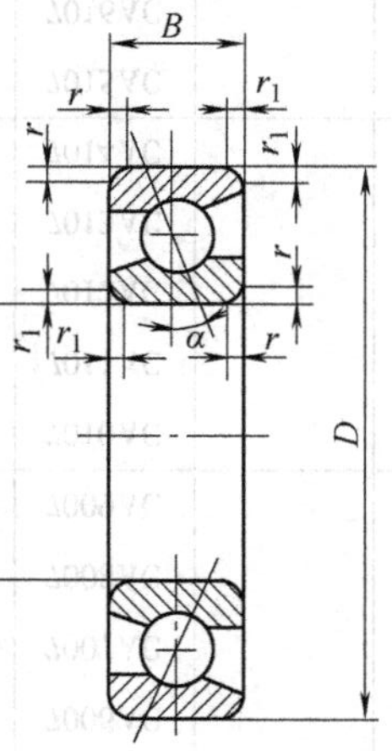

图1 锁口内圈和锁口外圈型角接触球轴承

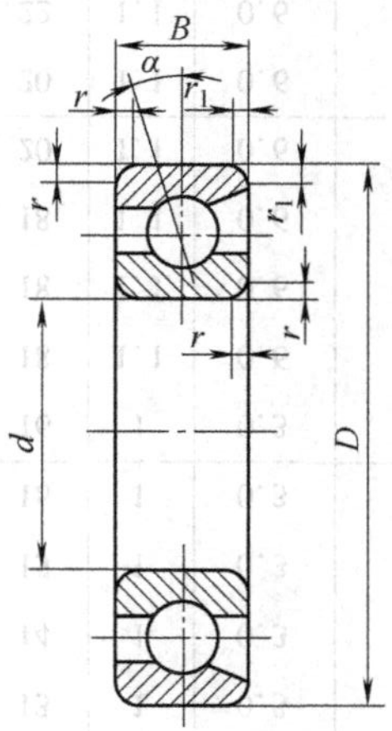

图2 锁口外圈型角接触球轴承

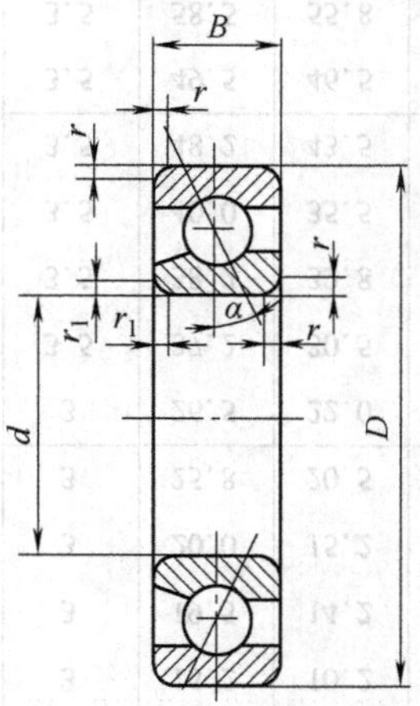

图3 锁口内圈型角接触球轴承

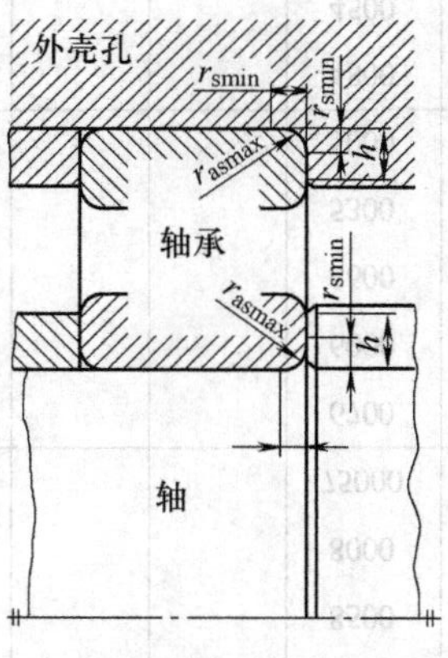

角接触轴承 70000 型

F_a/C_{0r}	e	Y	7000C 型	7000AC
0.015	0.38	1.47		
0.029	0.40	1.40	径向当量动载荷	径向当量动载荷
0.058	0.43	1.30	当 $F_a/F_r \leqslant e$，$P_r = F_r$	当 $F_a/F_r \leqslant e$，$P_r = F_r$
0.087	0.46	1.23	当 $F_a/F_r > e$，$P_r = 0.45F_r + YF_a$	当 $F_a/F_r > e$，$P_r = 0.46F_r + YF_a$
0.12	0.47	1.19	径向当量静载荷	
0.17	0.50	1.12	$P_{0r} = 0.5F_r + 0.46F_a$	径向当量动载荷
0.29	0.55	1.02	$P_{0r} = F_r$	当 $F_a/F_r \leqslant e$，$P_r = F_r$
0.44	0.56	1.00	取上列两式计算结果的最大值	当 $F_a/F_r > e$，$P_r = 0.45F_r + YF_a$
0.58	0.56	1.00		

（续）

轴承代号			外形尺寸/mm						安装尺寸/mm		α=15°		α=25°		α=40°		极限转速 /r·min^{-1}	
							r_{1smin}				基本额定		基本额定		基本额定			
α=15°	α=25°	α=40°	d	D	B	r_{smin}	α≤30°	α>30°	r_{asmax}	h_{min}	动载荷 C_r/kN	静载荷 C_{1r}/kN	动载荷 C_r/kN	静载荷 C_{2r}/kN	动载荷 C_r/kN	静载荷 C_{3r}/kN	脂润滑	油润滑
(1) 0尺寸系列																		
7000C	7000AC		10	26	8	0.3	0.1		0.3	1.2	4.92	2.25	4.75	2.12			19000	28000
7001C	7001AC		12	28	8	0.3	0.1		0.3	1.2	5.42	2.65	5.20	2.55			18000	26000
7002C	7002AC		15	32	9	0.3	0.1		0.3	1.2	6.25	3.42	5.95	3.25			17000	24000
7003C	7003AC		17	35	10	0.3	0.1		0.3	1.2	6.60	3.85	6.30	3.68			16000	22000
7004C	7004AC		20	42	12	0.6	0.3		0.6	2.5	10.5	6.08	10.0	5.78			14000	19000
7005C	7005AC		25	47	12	0.6	0.3		0.6	2.5	11.5	7.45	11.2	7.08			12000	17000
7006C	7006AC		30	55	13	1	0.3		1	3	15.2	10.2	14.5	9.85			9500	14000
7007C	7007AC		35	62	14	1	0.3		1	3	19.5	14.2	18.5	13.5			8500	12000
7008C	7008AC		40	68	15	1	0.3		1	3	20.0	15.2	19.0	14.5			8000	11000
7009C	7009AC		45	75	16	1	0.3		1	3	25.8	20.5	25.8	19.5			75000	10000
7010C	7010AC		50	80	16	1	0.3		1	3	26.5	22.0	25.2	21.0			6700	9000
7011C	7011AC		55	90	18	1.1	0.6		1.1	3.5	37.2	30.5	35.2	29.2			6000	8000
7012C	7012AC		60	95	18	1.1	0.6		1.1	3.5	38.2	32.8	36.2	31.5			5600	7500
7013C	7013AC		65	100	18	1.1	0.6		1.1	3.5	40.0	35.5	38.0	33.8			5300	7000
7014C	7014AC		70	110	20	1.1	0.6		1.1	3.5	48.2	43.5	45.8	41.5			5000	6700
7015C	7015AC		75	115	20	1.1	0.6		1.1	3.5	49.5	46.5	46.8	44.2			4800	6300
7016C	7016AC		80	125	22	1.1	0.6		1.1	3.5	58.5	55.8	55.5	53.2			4500	6000
7017C	7017AC		85	130	22	1.1	0.6		1.1	3.5	62.5	60.2	59.2	57.2			4300	5600
7018C	7018AC		90	140	24	1.5	0.6		1.5	4.5	71.5	69.8	67.5	66.5			4000	5300
7019C	7019AC		95	145	24	1.5	0.6		1.5	4.5	73.5	73.2	69.5	69.8			3800	5000
7020C	7020AC		100	150	24	1.5	0.6		1.5	4.5	79.2	78.5	75	74.8			3800	5000

（续）

轴承代号			外形尺寸/mm						安装尺寸/mm		α=15°		α=25°		α=40°		极限转速 /r·min^{-1}	
							r_{1smin}				基本额定		基本额定		基本额定			
α=15°	α=25°	α=40°	d	D	B	r_{smin}	α≤30°	α>30°	r_{asmax}	h_{min}	动载荷 C_r/kN	静载荷 C_{1r}/kN	动载荷 C_r/kN	静载荷 C_{2r}/kN	动载荷 C_r/kN	静载荷 C_{3r}/kN	脂润滑	油润滑
(0) 2尺寸系列																		
7200C	7200AC	7200B	10	30	9	0.6	0.3	0.3	0.6	2.5	5.82	2.95	5.58	2.82			18000	26000
7201C	7201AC	7201B	12	32	10	0.6	0.3	0.3	0.6	2.5	7.35	3.52	7.10	3.35			17000	24000
7202C	7202AC	7202B	15	35	11	0.6	0.3	0.3	0.6	2.5	8.68	4.62	8.35	4.40			16000	22000
7203C	7203AC	7203B	17	40	12	0.6	0.3	0.6	0.6	2.5	10.8	5.95	10.5	5.65			15000	20000
7204C	7204AC	7204B	20	47	14	1	0.3	0.6	1	3	14.5	8.22	14.0	7.82	14	7.85	13000	18000
7205C	7205AC	7205B	25	52	15	1	0.3	0.6	1	3	16.5	10.5	15.8	9.88	15.8	9.45	11000	16000
7206C	7206AC	7206B	30	62	16	1	0.3	0.6	1	3	23.0	15.0	22.0	14.2	20.5	13.8	9000	13000
7207C	7207AC	7207B	35	72	17	1.1	0.3	0.6	1.1	3.5	30.5	20.0	29.0	19.2	27	18.8	8000	11000
7208C	7208AC	7208B	40	80	18	1.1	0.6	0.6	1.1	3.5	36.8	25.8	35.2	24.5	32.5	23.5	7500	10000
7209C	7209AC	7209B	45	85	19	1.1	0.6	0.6	1.1	3.5	38.5	28.5	36.8	27.2	36	26.2	6700	9000
7210C	7210AC	7210B	50	90	20	1.1	0.6	0.6	1.1	3.5	42.8	32.0	40.8	30.5	37.5	29	6300	8500
7211C	7211AC	7211B	55	100	21	1.5	0.6	1	1.5	4.5	52.8	40.5	50.5	38.5	46.2	36	5600	7500
7212C	7212AC	7212B	60	110	22	1.5	0.6	1	1.5	4.5	61.0	48.5	58.2	46.2	56	44.5	5300	7000
7213C	7213AC	7213B	65	120	23	1.5	0.6	1	1.5	4.5	69.8	55.2	66.5	52.5	62.5	53.2	4800	6300
7214C	7214AC	7214B	70	125	24	1.5	0.6	1	1.5	4.5	70.2	60.0	69.2	57.5	70.2	57.2	4500	6000
7215C	7215AC	7215B	75	130	25	1.5	0.6	1	1.5	4.5	79.2	65.8	75.2	63.0	72.8	62	4300	5600
7216C	7216AC	7216B	80	140	26	2	1	1	2	5	89.5	78.2	85.0	74.5	80.2	69.5	4000	5300
7217C	7217AC	7217B	85	150	28	2	1	1	2	5	99.8	85.0	94.8	81.5	93	81.5	3800	5000
7218C	7218AC	7218B	90	160	30	2	1	1	2	5	122	105	118	100	105	94.5	3600	4800
7219C	7219AC	7219B	95	170	32	2.1	1.1	1.1	2	6	135	115	128	108	120	108	3400	4500
7220C	7220AC	7220B	100	180	34	2.1	1.1	1.1	2	6	148	128	142	122	130	115	3200	4300

（续）

轴承代号			外形尺寸/mm						安装尺寸/mm		α=15°		α=25°		α=40°		极限转速 /r·min^{-1}	
							r_{1smin}				基本额定		基本额定		基本额定			
α=15°	α=25°	α=40°	d	D	B	r_{smin}	α≤30°	α>30°	r_{asmax}	h_{min}	动载荷 C_r/kN	静载荷 C_{1r}/kN	动载荷 C_r/kN	静载荷 C_{2r}/kN	动载荷 C_r/kN	静载荷 C_{3r}/kN	脂润滑	油润滑
(0) 3 尺寸系列																		
7300C	7300AC	7300B	10	35	11	0.6	0.3	0.3	0.6	2.5								
7301C	7301AC	7301B	12	37	12	1	0.3	0.6	1	3	8.10	5.22	8.08	4.88			16000	22000
7302C	7302AC	7302B	15	42	13	1	0.3	0.6	1	3	9.38	5.95	9.08	5.58			15000	20000
7303C	7303AC	7303B	17	47	14	1	0.3	0.6	1	3	12.8	8.62	11.5	7.08			14000	19000
7304C	7304AC	7304B	20	52	15	1.1	0.6	0.6	1.1	3.5	14.2	9.68	13.8	9.10			12000	17000
7305C	7305AC	7305B	25	62	17	1.1	0.6	0.6	1.1	3.5					26.2	15.2	9500	14000
7306C	7306AC	7306B	30	72	19	1.1	0.6	0.6	1.1	3.5	26.5	19.8	25.2	18.5	31	19.2	8500	12000
7307C	7307AC	7307B	35	80	21	1.5	0.6	1	1.5	4.5	34.2	26.8	32.8	24.8	38.2	24.5	7500	10000
7308C	7308AC	7308B	40	90	23	1.5	0.6	1	1.5	4.5	40.2	32.3	38.5	30.5	46.2	30.5	6700	9000
7309C	7309AC	7309B	45	100	25	1.5	0.6	1	1.5	4.5	49.2	39.8	47.5	37.2	59.5	39.8	6000	8000
7310C	7310AC	7310B	50	110	27	2	1	1	2	5	53.5	47.2	55.5	44.5	68.2	48	5600	7500
7311C	7311AC	7311B	55	120	29	2	1	1	2	5	70.5	60.5	67.2	56.8	78.8	56.5	5000	6700
7312C	7312AC	7312B	60	130	31	2.1	1.1	1.1	2	6	80.5	70.2	77.8	65.8	90	66.6	4800	6300
7313C	7313AC	7313B	65	140	33	2.1	1.1	1.1	2	6	91.5	80.5	89.8	75.5	102	77.8	4300	5600
7314C	7314AC	7314B	70	150	35	2.1	1.1	1.1	2	6	102	91.5	98.5	86.0	115	87.2	4000	5300
7315C	7315AC	7315B	75	160	37	2.1	1.1	1.1	2	6	112	105	108	97.0	125	98.5	3800	5000
7316C	7316AC	7316B	80	170	39	2.1	1.1	1.1	2	6	122	118	118	108	135	110	3600	4800
7317C	7317AC	7317B	85	180	41	3	1.1	1.1	2.5	7	132	128	125	122	148	122	3400	4500
7318C	7318AC	7318B	90	190	43	3	1.1	1.1	2.5	7	142	142	135	135	158	138	3200	4300
7319C	7319AC	7319B	95	200	45	3	1.1	1.1	2.5	7	152	158	145	148	172	155	3000	4000
7320C	7320AC	7320B	100	215	47	3	1.1	1.1	2.5	7	162	175	165	178	188	180	2600	3600

11.3 圆锥滚子轴承

表 11-3 圆锥滚子轴承（GB/T 297—1994，GB/T 5826—2003 摘录）

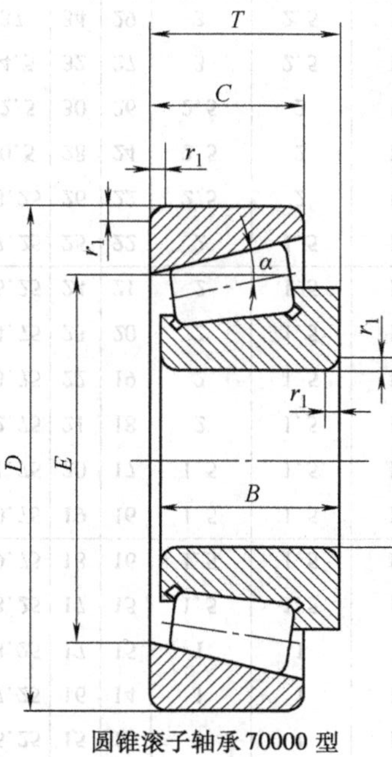

圆锥滚子轴承 70000 型

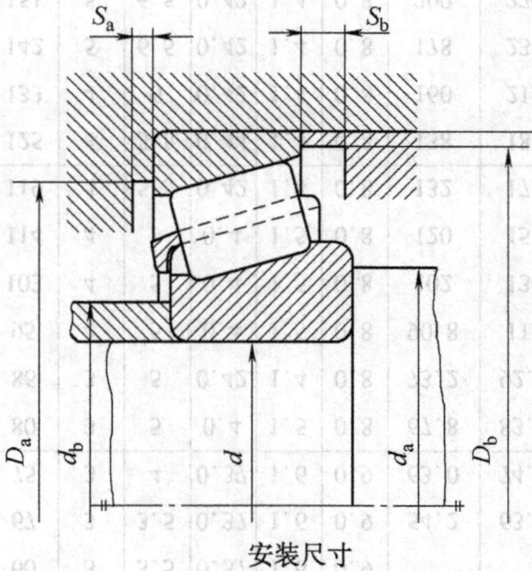

径向当量动载荷	径向当量静载荷
当 $F_a/F_r \leqslant e$，　$P_r = F_r$ 当 $F_a/F_r > e$，　$P_r = 0.0F_r + YF_a$	当 $F_a/F_r \leqslant e$，　$P_{0r} = F_r$ 当 $F_a/F_r > e$，　$P_{0r} = 0.5F_r + Y_0F_a$ 取两式结果的大值

（续）

轴承代号	外形尺寸/mm									安装尺寸/mm							计算系数			基本额定		极限转速/r·min^{-1}	
	d	D	T	B	C	r_{1Smin} r_{2Smin}	r_{3Smin} r_{4Smin}	α	E	d_a min	d_b max	D_a min	D_a max	D_b min	S_a min	S_b min	e	Y	Y_0	动载荷 C_r/kN	静载荷 C_{0r}/kN	脂润滑	油润滑
02 尺寸系列																							
30203	17	40	13.25	12	11	1	1	12°57′10″	31.408	23	23	34	34	37	2	2.5	0.35	1.7	1	20.8	21.8	9000	12000
30204	20	47	15.25	14	12	1	1	12°57′10″	37.304	26	27	40	41	43	2	3.5	0.35	1.7	1	28.2	30.5	8000	10000
30205	25	52	16.25	15	13	1	1	14°02′10″	41.135	31	31	44	46	48	2	3.5	0.37	1.6	0.9	32.2	37.0	7000	9000
30206	30	62	17.25	16	14	1	1	12°57′10″	49.99	36	37	53	56	58	2	3.5	0.37	1.6	0.9	43.2	50.5	6000	7500
302/32	32	65	18.25	17	15	1	1	14°	52.5	38	39	56	59	60	3	3.5	0.37	1.6	0.9			5600	7100
30207	35	72	18.25	17	15	1.5	1.5	14°02′10″	58.844	42	44	62	65	67	3	3.5	0.37	1.6	0.9	54.2	63.5	5300	6700
30208	40	80	19.75	18	16	1.5	1.5	14°02′10″	65.73	47	49	69	73	75	3	4	0.37	1.6	0.9	63.0	74.0	5000	6300
30209	45	85	20.75	19	16	1.5	1.5	15°06′34″	70.44	52	53	74	78	80	3	5	0.4	1.5	0.8	67.8	83.5	4500	5600
30210	50	90	21.75	20	17	1.5	1.5	15°38′32″	75.078	57	58	79	83	86	3	5	0.42	1.4	0.8	73.2	92.0	4300	5300
30211	55	100	22.75	21	18	2	1.5	15°06′34″	84.197	64	64	88	91	95	4	5	0.4	1.5	0.8	90.8	115	3800	4800
30212	60	110	23.75	22	19	2	1.5	15°06′34″	91.876	69	69	96	101	103	4	5	0.4	1.5	0.8	102	130	3600	4500
30213	65	120	24.75	23	20	2	1.5	15°06′34″	101.93	74	77	106	111	114	4	5	0.4	1.5	0.8	120	152	3200	4000
30214	70	125	26.25	24	21	2	1.5	15°06′32″	105.75	79	81	110	116	119	4	5.5	0.42	1.4	0.8	132	175	3000	3800
30215	75	130	27.25	25	22	2	1.5	15°06′32″	110.41	84	85	115	121	125	4	5.5	0.44	1.4	0.8	138	185	2800	3600
30216	80	140	28.25	26	22	2.5	2	15°06′32″	119.17	90	90	124	130	133	4	6	0.42	1.4	0.8	160	212	2600	3400
30217	85	150	30.5	28	24	2.5	2	15°06′32″	126.69	95	96	132	140	142	5	6.5	0.42	1.4	0.8	178	238	2400	3200
30218	90	160	32.5	30	26	2.5	2	15°06′32″	134.9	100	102	140	150	151	5	6.5	0.42	1.4	0.8	200	270	2200	3000
30219	95	170	34.5	32	27	3	2.5	15°06′32″	143.39	107	108	149	158	160	5	7.5	0.42	1.4	0.8	228	308	2000	2800
30220	100	180	37	34	29	3	2.5	15°06′32″	151.31	112	114	157	168	169	5	8	0.42	1.4	0.8	255	350	1900	2600
03 尺寸系列																							
30302	15	42	14.25	13	11	1	1	10°45′29″	33.272	21	22	36	36	38	2	3.5	0.29	2.1	1.2	22.8	21.5	9000	12000
30303	17	47	15.25	14	12	1	1	10°45′29″	37.42	23	25	40	41	43	3	3.5	0.29	2.1	1.2	28.2	27.2	8500	11000
30304	20	52	16.25	15	13	1.5	1.5	11°18′36″	41.318	27	28	44	45	48	3	3.5	0.3	2	1.1	33.0	33.2	7500	9500
30305	25	62	18.25	17	15	1.5	1.5	11°18′36″	50.637	32	34	54	55	58	3	3.5	0.3	2	1.1	46.8	48.0	6300	8000

（续）

轴承代号	外形尺寸/mm									安装尺寸/mm							计算系数			基本额定		极限转速/r·min⁻¹	
	d	D	T	B	C	r_{1Smin} r_{2Smin}	r_{3Smin} r_{4Smin}	α	E	d_a min	d_b max	D_a min	D_a max	D_b min	S_a min	S_b min	e	Y	Y_0	动载荷 C_r/kN	静载荷 C_{0r}/kN	脂润滑	油润滑
03尺寸系列																							
30306	30	72	20.75	19	16	1.5	1.5	11°51′35″	58.287	37	40	62	65	66	3	5	0.31	1.9	1.1	59.0	63.0	5600	7000
30307	35	80	22.75	21	18	2	1.5	11°51′35″	65.769	44	45	70	71	74	3	5	0.31	1.9	1.1	75.2	82.5	5000	6300
30308	40	90	25.25	23	20	2	1.5	12°57′10″	72.703	49	52	77	81	84	3	5.5	0.35	1.7	1	90.8	108	4500	5600
30309	45	100	27.25	25	22	2	1.5	12°57′10″	81.78	54	59	86	91	94	3	5.5	0.35	1.7	1	108	130	4000	5000
30310	50	110	29.25	27	23	2.5	2	12°57′10″	90.633	60	65	95	100	103	4	6.5	0.35	1.7	1	130	158	3800	4800
30311	55	120	31.5	29	25	2.5	2	12°57′10″	99.146	65	70	104	110	112	4	6.5	0.35	1.7	1	152	188	3400	4300
30312	60	130	33.5	31	26	3	2.5	12°57′10″	107.77	72	76	112	118	121	5	7.5	0.35	1.7	1	170	210	3200	4000
30313	65	140	36	33	28	3	2.5	12°57′10″	116.85	77	83	122	128	131	5	8	0.35	1.7	1	195	242	2800	3600
30314	70	150	38	35	30	3	2.5	12°57′10	125.24	82	89	130	138	141	5	8	0.35	1.7	1	218	272	2600	3400
30315	75	160	40	37	31	3	2.5	12°57′10″	134.1	87	95	139	148	150	5	9	0.35	1.7	1	252	318	2400	3200
30316	80	170	42.5	39	33	3	2.5	12°57′10″	143.17	92	102	148	158	160	5	9.5	0.35	1.7	1	278	352	2200	3000
30317	85	180	44.5	41	34	4	3	12°57′10″	150.43	99	107	156	166	168	6	10.5	0.35	1.7	1	305	388	2000	2800
30318	90	190	46.5	43	36	4	3	12°57′10″	159.06	104	113	165	176	178	6	10.5	0.35	1.7	1	342	440	1900	2600
30319	95	200	49.5	45	38	4	3	12°57′10″	165.86	109	118	172	186	185	6	11.5	0.35	1.7	1	370	478	1800	2400
30320	100	215	51.5	47	39	4	3	12°57′10″	178.58	114	127	184	201	199	6	12.5	0.35	1.7	1	405	525	1600	2000
22尺寸系列																							
32206	30	62	21.25	20	17	1	1	14°02′10″	48.982	36	36	52	56	58	3	4.5	0.37	1.6	0.9	51.8	63.8	6000	7500
32207	35	72	24.25	23	19	1	1	14°02′10″	57.087	42	42	61	65	68	3	5.5	0.37	1.6	0.9	70.5	89.5	5300	6700
32208	40	80	24.75	23	19	1.5	1.5	14°02′10″	64.715	47	48	68	73	75	3	6	0.37	1.6	0.9	77.8	97.2	5000	6300
32209	45	85	24.75	23	19	1.5	1.5	15°06′34″	69.61	52	53	73	78	81	3	6	0.4	1.5	0.8	80.8	105	4500	5600
32210	50	90	24.75	23	19	1.5	1.5	15°38′32″	74.226	57	57	78	83	86	3	6	0.42	1.4	0.8	82.8	108	4300	5300
32211	55	100	26.75	25	21	1.5	1.5	15°06′34″	82.837	64	62	87	91	96	4	6	0.4	1.5	0.8	108	142	3800	4800
32212	60	110	29.75	28	24	2	1.5	15°06′34″	90.236	69	68	95	101	105	4	6	0.4	1.5	0.8	132	180	3600	4500
32213	65	120	32.75	31	27	2	1.5	15°06′34″	99.484	74	75	104	111	115	4	6	0.4	1.5	0.8	160	222	3200	4000

（续）

轴承代号	外形尺寸/mm									安装尺寸/mm							计算系数			基本额定		极限转速/r·min^{-1}	
	d	D	T	B	C	r_{1Smin} r_{2Smin}	r_{3Smin} r_{4Smin}	α	E	d_a	d_b	D_a		D_b	S_a	S_b	e	Y	Y_0	动载荷 C_r/kN	静载荷 C_{0r}/kN	脂润滑	油润滑
										min	max	min	max	min	min	min							
22尺寸系列																							
32214	70	125	33.25	31	27	2	1.5	15°38′32″	103.77	79	79	108	116	120	4	6.5	0.42	1.4	0.8	168	238	3000	3800
32215	75	130	33.25	31	27	2	1.5	16°10′20″	108.93	84	84	115	121	126	4	6.5	0.44	1.4	0.8	170	242	2800	3600
32216	80	140	35.25	33	28	2.5	2	15°38′32″	117.47	90	89	122	130	135	5	7.5	0.42	1.4	0.8	198	278	2600	3400
32217	85	150	38.5	36	30	2.5	2	15°38′32″	124.97	95	95	130	140	143	5	8.5	0.42	1.4	0.8	228	325	2400	3200
32218	90	160	42.5	40	34	2.5	2	15°38′32″	132.62	100	101	138	150	153	5	8.5	0.42	1.4	0.8	270	395	2200	3000
32219	95	170	45.5	43	37	3	2.5	15°38′32″	140.26	107	106	145	158	163	5	8.5	0.42	1.4	0.8	302	448	2000	2800
32220	100	180	49	46	39	3	2.5	15°38′32″	148.18	112	113	154	168	172	5	10	0.42	1.4	0.8	340	512	1900	2600
23尺寸系列																							
32303	17	47	20.25	19	16	1	1	10°45′29″	36.09	23	24	39	41	43	3	4.5	0.29	2.1	1.2	35.2	36.2	8500	11000
32304	20	52	22.25	21	18	1.5	1.5	11°18′36″	39.518	27	26	43	45	48	3	4.5	0.3	2	1.1	42.8	46.2	7500	9500
32305	25	62	25.25	24	20	1.5	1.5	11°18′36″	48.637	32	32	52	55	58	3	5.5	0.3	2	1.1	61.5	68.8	6300	8000
32306	30	72	28.75	27	23	1.5	1.5	11°51′35″	55.767	37	38	59	65	66	4	6	0.31	1.9	1.1	81.5	96.5	5600	7000
32307	35	80	32.75	31	25	2	1.5	11°51′35″	62.829	44	43	66	71	74	4	8.5	0.31	1.9	1.1	99.0	118	5000	6300
32308	40	90	35.25	33	27	2	1.5	12°57′10″	69.253	49	49	73	81	83	4	8.5	0.35	1.7	1	115	148	4500	5600
32309	45	100	38.25	36	30	2	1.5	12°57′10″	78.33	54	56	82	91	93	4	8.5	0.35	1.7	1	145	188	4000	5000
32310	50	110	42.25	40	33	2.5	2	12°57′10″	86.263	60	61	90	100	102	5	9.5	0.35	1.7	1	178	235	3800	4800
32311	55	120	45.5	43	35	2.5	2	12°57′10″	94.316	65	66	99	110	111	5	10	0.35	1.7	1	202	270	3400	4300
32312	60	130	48.5	46	37	3	2.5	12°57′10″	102.94	72	72	107	118	122	6	11.5	0.35	1.7	1	228	302	3200	4000
32313	65	140	51	48	39	3	2.5	12°57′10″	111.79	77	79	117	128	131	6	12	0.35	1.7	1	260	350	2800	3600
32314	70	150	54	51	42	3	2.5	12°57′10″	119.72	82	84	125	138	141	6	12	0.35	1.7	1	298	408	2600	3400
32315	75	160	58	55	45	3	2.5	12°57′10″	127.89	87	91	133	148	150	7	13	0.35	1.7	1	348	482	2400	3200
32316	80	170	61.5	58	48	3	2.5	12°57′10″	136.5	92	97	142	158	160	7	13.5	0.35	1.7	1	388	542	2200	3000
32317	85	180	63.5	60	49	4	3	12°57′10″	144.22	99	102	150	166	168	8	14.5	0.35	1.7	1	422	592	2000	2800
32318	90	190	67.5	64	53	4	3	12°57′10″	151.7	104	107	157	176	178	8	14.5	0.35	1.7	1	478	682	1900	2600
32319	95	200	71.5	67	55	4	3	12°57′10″	160.32	109	114	166	186	187	8	16.5	0.35	1.7	1	515	738	1800	2400
32320	100	215	77.5	73	60	4	3	12°57′10″	171.65	114	122	177	201	201	8	17.5	0.35	1.7	1	600	872	1600	2000

11.4　圆柱滚子轴承

表 11-4　圆柱滚子轴承（GB/T 283—2007，GB/T 5826—2003 摘录）

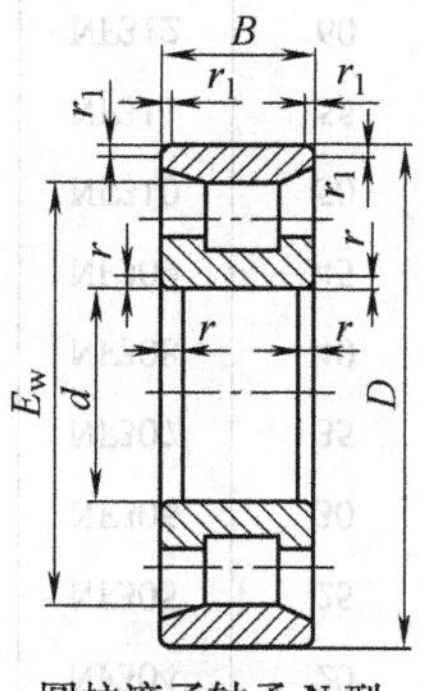

圆柱滚子轴承 N 型

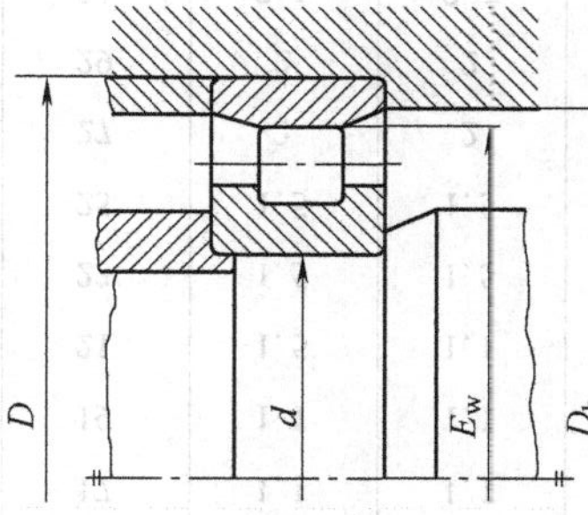

N 型安装尺寸

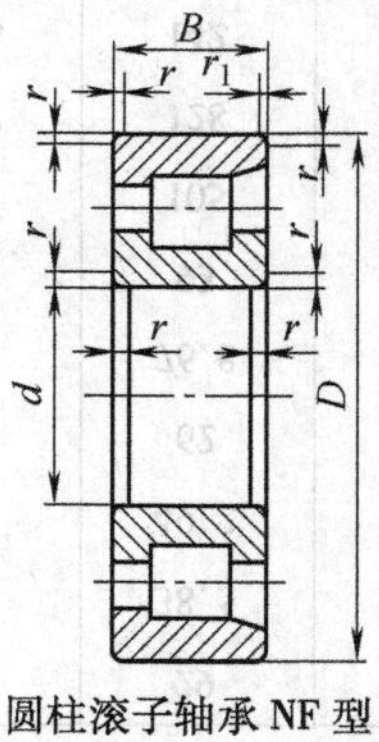

圆柱滚子轴承 NF 型

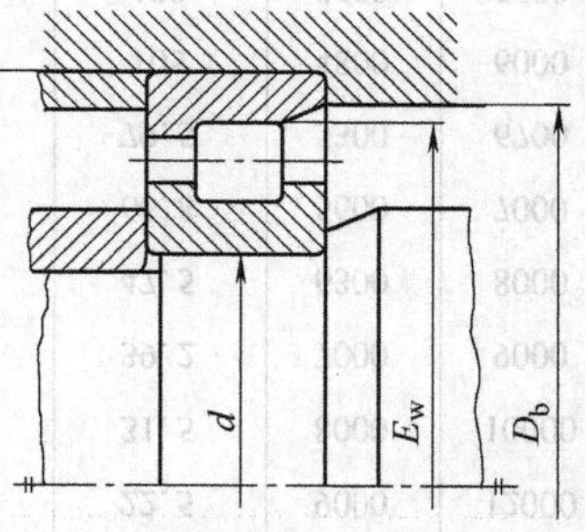

NF 型安装尺寸

径向当量动载荷		径向当量静载荷
$P_r = F_r$	对轴向承载的轴承（NF 型 02,03 系列） 当 $0 \leqslant F_a/F_r \leqslant 0.12$，　$P_r = F_r + 0.3F_a$ 当 $0.12 \leqslant F_a/F_r \leqslant 0.3$，　$P_r = 0.94F_r + 0.8F_a$	$P_{0r} = F_r$

轴承型号		外形尺寸/mm					安装尺寸/mm		基本额定动载荷 C_r/kN		基本额定静载荷 C_{0r}/kN		极限转速	
N0000	NF0000	d	D	B	r_{smin}	r_{1smin}	E_W	D_{bmin}	N 型	NF 型	N 型	NF 型	脂润滑	油润滑
(0) 2 尺寸系列														
N204E	NF204	20	47	14	1	0.3	41.5	42	25.8	12.5	24.0	11.0	12000	16000
N205E	NF205	25	52	15	1	0.3	46.5	47	27.5	14.2	26.8	12.8	10000	14000
N206E	NF206	30	62	16	1	0.6	55.5	56	36.0	19.5	35.5	18.2	8500	11000
N207E	NF207	35	72	17	1.1	0.6	64	64	46.5	28.5	48.0	28.0	7500	9500
N208E	NF208	40	80	18	1.1	1.1	71.5	72	51.5	37.5	53.0	38.2	7000	9000

（续）

轴承型号		外形尺寸/mm					安装尺寸/mm		基本额定动载荷 C_r/kN		基本额定静载荷 C_{0r}/kN		极限转速	
N0000	NF0000	d	D	B	r_{smin}	r_{1smin}	E_W	D_{bmin}	N 型	NF 型	N 型	NF 型	脂润滑	油润滑
(0) 2 尺寸系列														
N209E	NF209	45	85	19	1.1	1.1	76.5	77	58.5	39.8	63.8	41.0	6300	8000
N210E	NF210	50	90	20	1.1	1.1	81.5	83	61.2	43.2	69.2	48.5	6000	7500
N211E	NF211	55	100	21	1.5	1.1	90	91	80.2	52.8	95.5	60.2	5300	6700
N212E	NF212	60	110	22	1.5	1.5	100	100	89.8	62.8	102.0	73.5	5000	6300
N213E	NF213	65	120	23	1.5	1.5	180.5	108	102.0	73.2	118.0	87.5	4500	5600
N214E	NF214	70	125	24	1.5	1.5	113.5	114	112.0	73.2	135.0	87.5	4300	5300
N215E	NF215	75	130	25	1.5	1.5	118.5	120	125.0	89.0	155.0	110.0	4000	5000
N216E	NF216	80	140	26	2	2	127.3	128	132.0	102.0	165.0	125.0	3800	4800
(0) 3 尺寸系列														
N304E	NF304	20	52	15	1.1	0.6	45.5	47	29	18	25.5	15	11000	15000
N305E	NF305	25	62	17	1.1	1.1	54	55	38.5	25.5	35.8	22.5	9000	12000
N306E	NF306	30	72	19	1.1	1.1	62.5	64	49.2	33.5	48.2	31.5	8000	10000
N307E	NF307	35	80	21	1.5	1.1	70.2	71	62	41	63.2	39.2	7000	9000
N308E	NF308	40	90	23	1.5	1.5	80	80	76.8	48.8	77.8	47.5	6300	8000
N309E	NF309	45	100	25	1.5	1.5	88.5	89	93	66.8	98	66.8	5600	7000
N310E	NF310	50	110	27	2	2	97	98	105	76	112	79.5	5300	6700
N311E	NF311	55	120	29	2	2	106.5	107	128	97.8	139	105	4800	6000
N312E	NF312	60	130	31	2.1	2.1	115	116	142	118	155	128	4500	5600
N313E	NF313	65	140	33	2.1	2.1	124.5	125	170	125	188	135	4000	5000
N314E	NF314	70	150	35	2.1	2.1	133	134	195	145	220	162	3800	4800
N315E	NF315	75	160	37	2.1	2.1	143	143	228	165	260	188	3600	4500
N316E	NF316	80	170	39	2.1	2.1	151	151	245	175	282	200	3400	4300

第 12 章　密　封　件

12.1　油封及槽

表 12-1　毡圈油封及槽　　（单位：mm）

轴径 d	毡封油圈 D	毡封油圈 d_1	毡封油圈 B_1	槽 D_0	槽 d_0	槽 b	槽 B_{min} 钢	槽 B_{min} 铸铁
15	29	14	6	28	16	5	10	12
20	33	19		32	21			
25	39	24	7	38	26	6	12	15
30	45	29		44	31			
35	49	34		48	36			
40	53	39		52	41			
45	61	44	8	60	46	7		
50	69	49		68	51			
55	74	53		72	56			
60	80	58		78	61			
65	84	63		82	66			
70	90	68		88	71			
75	94	73		92	77			
80	102	78	9	100	82	8	15	18
85	107	83		105	87			
90	112	88		110	92			
95	117	93	10	115	97			
100	122	98		120	102			

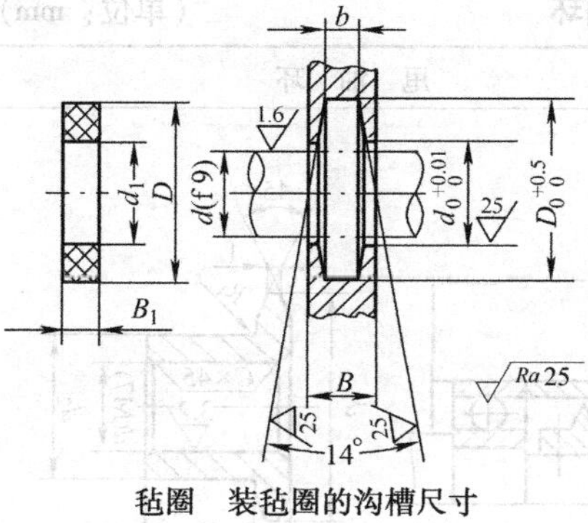

毡圈　装毡圈的沟槽尺寸

材料：半粗羊毛毡

注：适用于线速度 $v<5\text{m/s}$。

表 12-2　O 形橡胶密封圈（代号为 G）（GB/T 3452.1—2005 摘录）　（单位：mm）

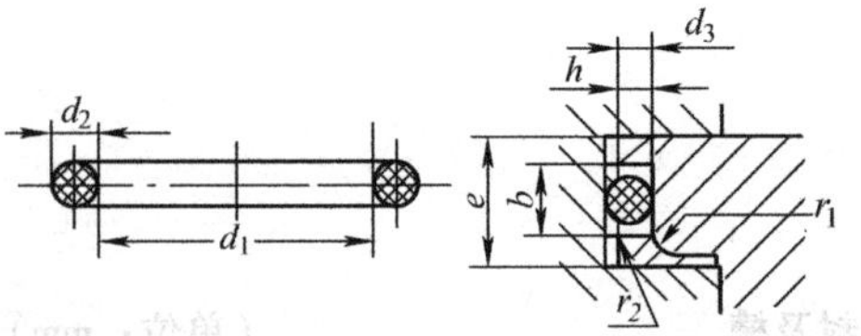

标记示例：

O 形圈 40×3.55

（内径 d_1 =40.0mm，截面直径 d_2 =3.55mm 的 O 形密封圈）

沟槽尺寸（GB/T 3452.3—2005）					
d_2	$b^{+0.25}_{0}$	$h^{+0.10}_{0}$	d_3 极限偏差值	r_1	r_2
1.8	2.4	1.38	0 −0.04	0.2～0.4	0.1～0.3
2.65	3.6	2.07	0 −0.05	0.4～0.8	
3.55	4.8	2.74	0 −0.06		
5.3	7.1	4.19	0 −0.07	0.8～1.2	
7.0	9.5	5.67	0 −0.09		

12.2　挡油环与甩油环

表 12-3　挡油环、甩油环　（单位：mm）

挡　油　环

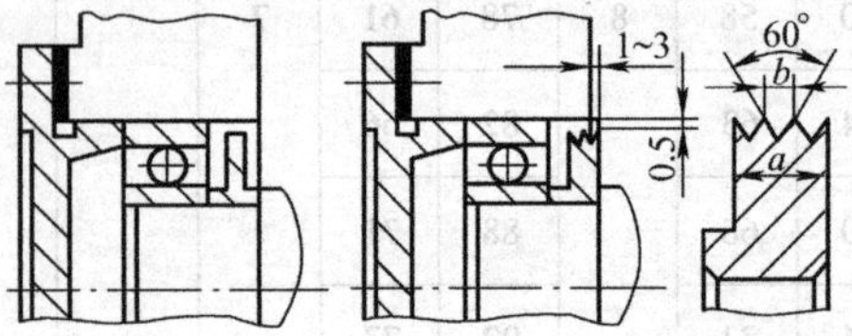

a)　　　　b)

a）用于油润滑和脂润滑　　a =6～9mm

b）用于脂润滑，密封效果较好　　b =2～3mm

甩　油　环

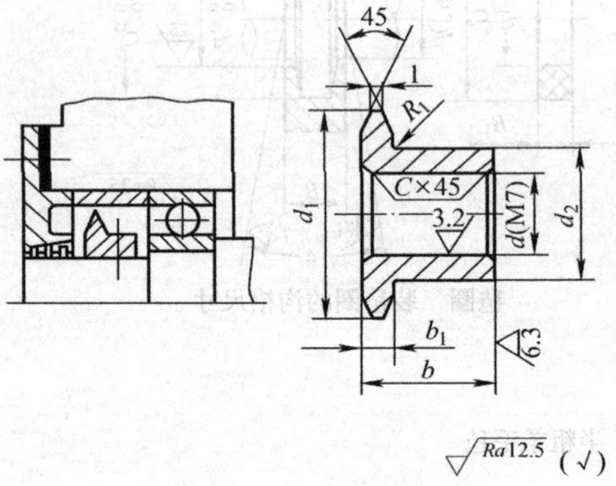

d	d_1	d_2	b（参考）	b_1	C
30	48	36	12	4	0.5
35	65	42			
40	75	50		5	
50	90	60			
55	100	65			1
65	115	80	15		
80	140	95	30	7	

12.3　油标

表 12-4　压配式圆形油标　　（单位：mm）

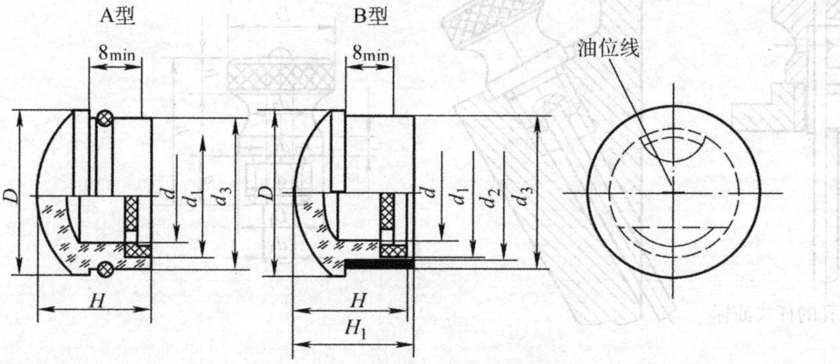

标记示例：
视孔 $d=32$，A 型压配式圆形油标：
A32 JB/T 7941.1

d	D	d_1		d_2		d_3		H	H_1	O 形橡胶密封圈（按 GB 3452.1）
		公称尺寸	极限偏差	公称尺寸	极限偏差	公称尺寸	极限偏差			
12	22	12	−0.050 −0.160	17	−0.050 −0.160	20	−0.065 −0.195	14	16	15×2.65
16	27	18		22	−0.065 −0.195	25				20×2.65
20	34	22	−0.065 −0.195	28		32	−0.080 −0.240	16	18	25×3.55
25	40	28		34	−0.080 −0.240	38				31.5×3.55
32	48	35	−0.080 −0.240	41		45		18	20	38.7×3.55
40	58	45		51	−0.100 −0.290	55	−0.100 −0.290			48.7×3.55
50	70	55	−0.100 −0.290	61		65		22	24	—
63	85	70		76		80				

表 12-5　长形油标　　（单位：mm）

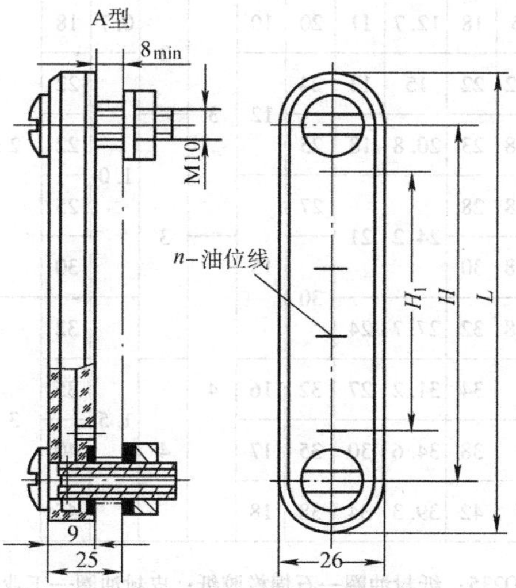

H		H_1	L	n（条数）
公称尺寸	极限偏差			
80	±0.17	40	110	2
100		60	130	3
125	±0.20	80	155	4
160		120	190	6

O 形橡胶密封圈（按 GB 3452.1）	六角薄螺母（按 GB/T 6172）	锁紧垫圈（按 GB/T 861）
10×2.65	M10	10

标记示例：
$H=80$，A 型长形油标：
油标　A80　JB/T 7941.3

表 12-6 杆式油标 （单位：mm）

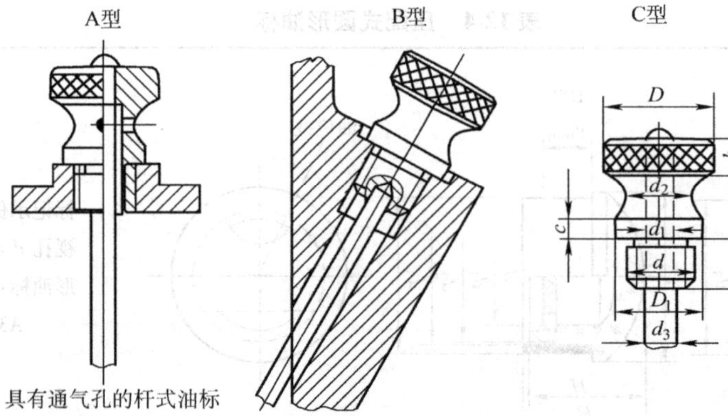

具有通气孔的杆式油标

d	d_1	d_2	d_3	h	a	b	c	D	D_1
M12	4	12	6	28	10	6	4	20	16
M16	4	16	6	35	12	8	5	26	22
M20	6	20	8	42	15	10	6	32	26

注：油标长度由具体结构确定。

12.4 螺塞

表 12-7 外六角螺塞、纸封油圈、皮封油圈 （单位：mm）

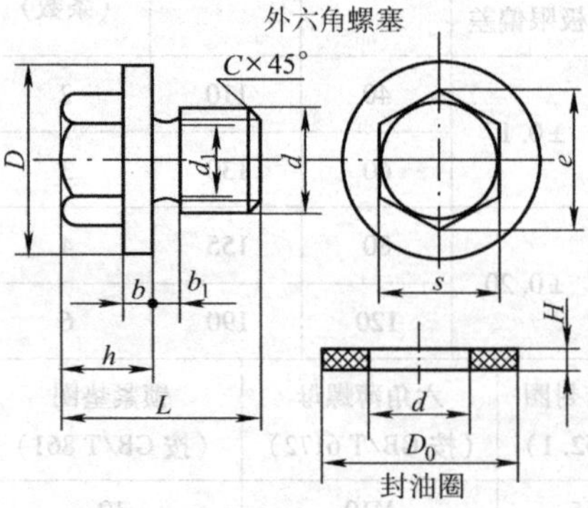

<table>
<tr><th rowspan="2">d</th><th rowspan="2">d_1</th><th rowspan="2">D</th><th rowspan="2">e</th><th rowspan="2">s</th><th rowspan="2">L</th><th rowspan="2">h</th><th rowspan="2">b</th><th rowspan="2">b_1</th><th rowspan="2">C</th><th rowspan="2">D_0</th><th colspan="2">H</th></tr>
<tr><th>纸圈</th><th>皮圈</th></tr>
<tr><td>M10×1</td><td>8.5</td><td>18</td><td>12.7</td><td>11</td><td>20</td><td>10</td><td rowspan="4">3</td><td rowspan="2">2</td><td>0.7</td><td>18</td><td rowspan="5">2</td><td rowspan="6">2</td></tr>
<tr><td>M12×1.25</td><td>10.2</td><td>22</td><td>15</td><td>13</td><td>24</td><td rowspan="2">12</td><td rowspan="4">1.0</td><td>22</td></tr>
<tr><td>M14×1.5</td><td>11.8</td><td>23</td><td>20.8</td><td>18</td><td>25</td><td rowspan="4">3</td><td>22</td></tr>
<tr><td>M18×1.5</td><td>15.8</td><td>28</td><td rowspan="2">24.2</td><td rowspan="2">21</td><td>27</td><td rowspan="3">15</td><td>25</td></tr>
<tr><td>M20×1.5</td><td>17.8</td><td>30</td><td rowspan="2">30</td><td rowspan="5">4</td><td>30</td></tr>
<tr><td>M22×1.5</td><td>19.8</td><td>32</td><td>27.7</td><td>24</td><td rowspan="4">1.5</td><td>32</td><td rowspan="4">3</td></tr>
<tr><td>M24×2</td><td>21</td><td>34</td><td>31.2</td><td>27</td><td>32</td><td>16</td><td rowspan="3">4</td><td>35</td><td rowspan="3">2.5</td></tr>
<tr><td>M27×2</td><td>24</td><td>38</td><td>34.6</td><td>30</td><td>35</td><td>17</td><td>40</td></tr>
<tr><td>M30×2</td><td>27</td><td>42</td><td>39.3</td><td>34</td><td>38</td><td>18</td><td>45</td></tr>
<tr><td colspan="13">材料：螺塞—Q235；纸封油圈—石棉橡胶纸；皮封油圈—工业用革</td></tr>
</table>

12.5　窥视孔与通气器

表 12-8　窥视孔及盖板　　（单位：mm）

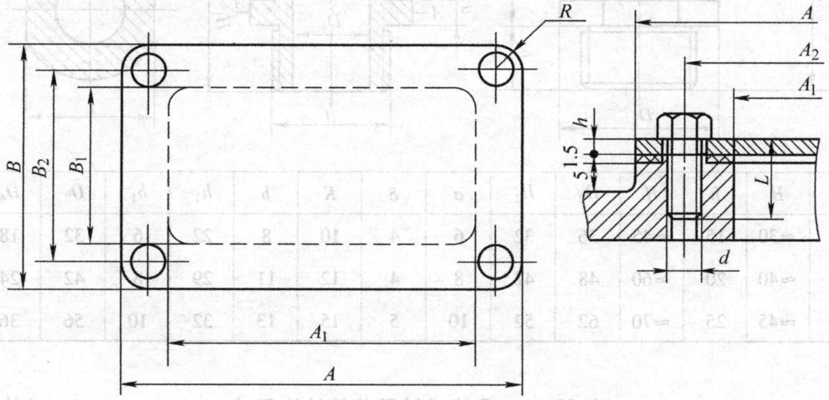

A	B	A_1	B_1	A_2	B_2	h	R	螺钉		
								d	L	个数
115	90	75	50	95	70	3	10	M8	15	4
160	135	100	75	130	105	3	15	M10	20	4
210	160	150	100	180	130	3	15	M10	20	6
260	210	200	150	230	180	4	20	M12	25	8
360	260	300	200	330	230	4	25	M12	25	8
460	360	400	300	430	330	6	30	M12	25	8

表 12-9　通　气　塞　　（单位：mm）

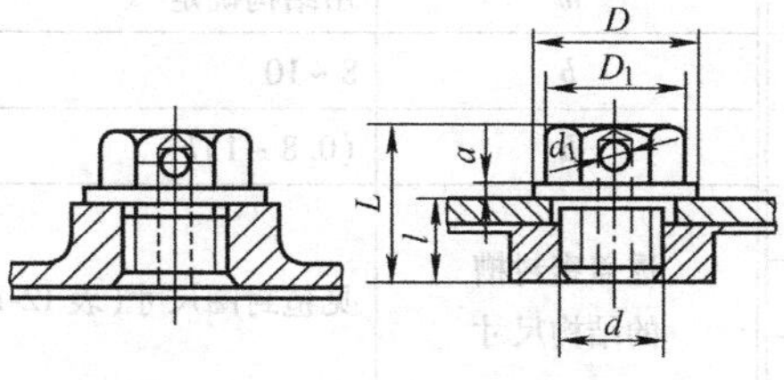

d	D	D_1	S	L	l	a	d_1
M12 × 1.25	18	16.5	14	19	10	2	4
M16 × 1.5	22	19.6	17	23	12	2	5
M20 × 1.5	30	25.4	22	28	15	4	6
M22 × 1.5	32	25.4	22	29	15	4	7
M27 × 1.5	38	31.2	27	34	18	4	8
M30 × 2	42	36.9	32	36	18	4	8

注：1. 材料为 Q235。

2. S 为扳手开口宽度。

表 12-10 通 气 帽 （单位：mm）

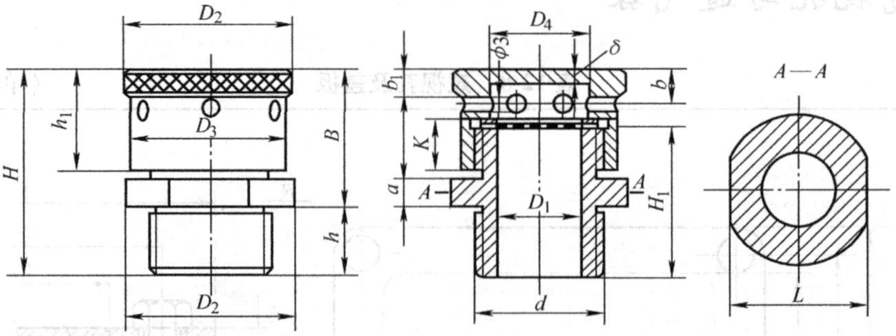

d	D_1	B	h	H	D_2	H_1	a	δ	K	b	h_1	b_1	D_3	D_4	L	孔数
M27×1.5	15	≈30	15	≈45	36	32	6	4	10	8	22	6	32	18	32	6
M36×2	20	≈40	20	≈60	48	42	8	4	12	11	29	8	42	24	41	6
M48×3	30	≈45	25	≈70	62	52	10	5	15	13	32	10	56	36	55	8

表 12-11 凸缘式轴承盖的结构尺寸 （单位：mm）

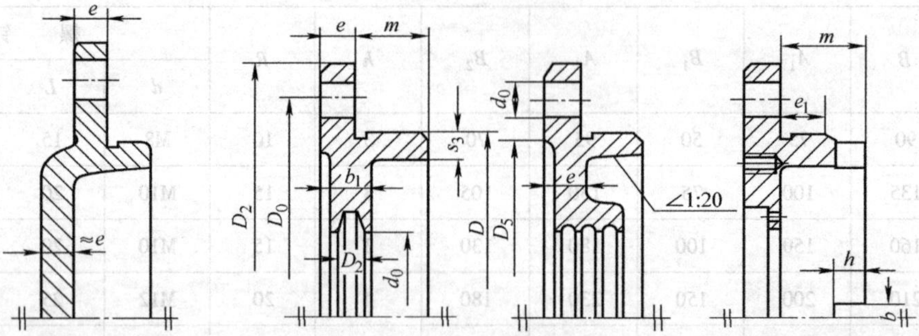

符 号	尺寸关系				符号	尺寸关系
D(轴承外径)	30~60	62~100	110~130	140~230	D_5	$D_0-(2.5\sim3)d_3$
d_3(螺钉直径)	6~8	8~10	10~12	12~16	e	$1.2d_3$
n(螺钉数)	4	4	6	6	e_1	$(0.1\sim0.15)D(e_1>e)$
d_0	$d+(1\sim2)$				m	由结构确定
D_0	无套杯时：$D_0=D+2.5d_3$				b	8~10
	有套杯时：$D_0=D+2.5d_3+2S_2$				h	$(0.8\sim1)b$
	套杯厚度：$S_2=7\sim12$				透盖密封槽的结构尺寸	见毡封圈尺寸(表 12-1)
D_2	$D_2=D_0+(2.5\sim3)d_3$					
s_3	4~6					

轴承盖设计的注意事项

1）为防止拧紧时轴承盖产生歪斜，必须有足够的配合长度 e_1（表 12-11）。

2）当轴承采用飞溅润滑时，应在轴承盖端部加工出4个 $b\times h$ 的缺口，又因缺口不一定能对准油沟，油路仍可能阻塞，故轴承盖端部$(m-e_1)$的一段直径应为 $D-(2\sim4)$mm。

表12-12　嵌入式轴承盖的结构尺寸　（单位：mm）

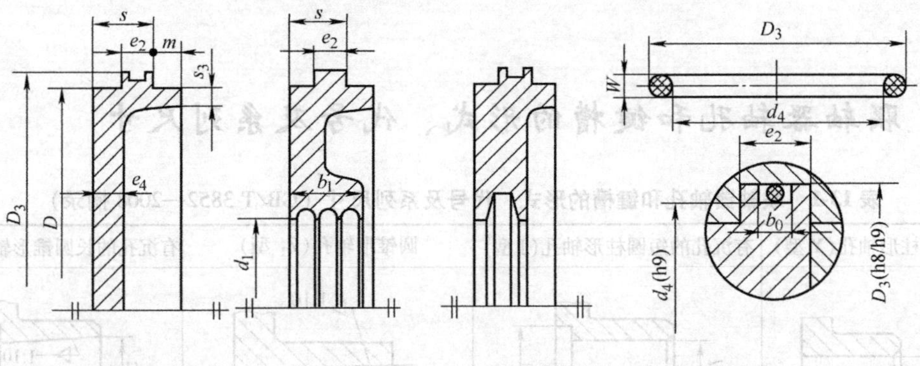

不带O形密封圈				带O形密封圈									
D(h6)	40~80	35~110	115~170	D_3	40	45	50	55	60	63	65	68	70
e_2(d11)	5	6	8	d_4	35	40	45	50	55	58	60	63	65
s	10	12	15	D_3	90	95	100	105	110	115	120	125	130
e_4	8~10			d_4	85	90	95	100	105	110	115	120	125
D_3	$D+e_2$			当 $D_3=30\sim50$，$W=3.1$									
s_3	10			D(h6)	40~80			85~110			115~170		
m	由轴承部件结构确定			e_2(d11)	8			10			20		

第13章 联轴器

13.1 联轴器轴孔和键槽的形式、代号及系列尺寸

表13-1 联轴器轴孔和键槽的形式、代号及系列尺寸（GB/T 3852—2008 摘录）

	长圆柱形轴孔(Y型)	有沉孔的短圆柱形轴孔(J型)	圆锥形轴孔(Z_1型)	有沉孔的长圆锥形轴孔(Z型)
轴孔	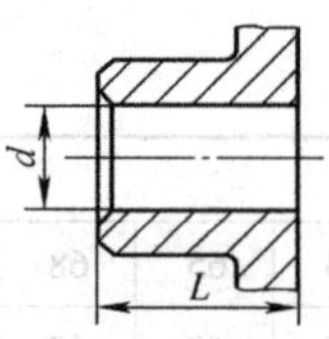	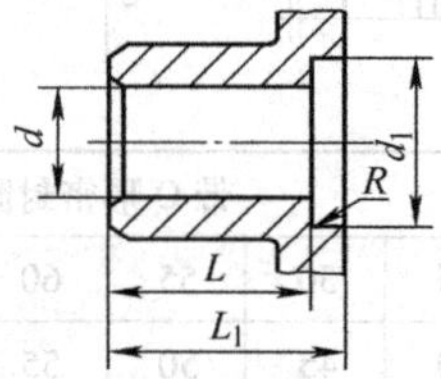	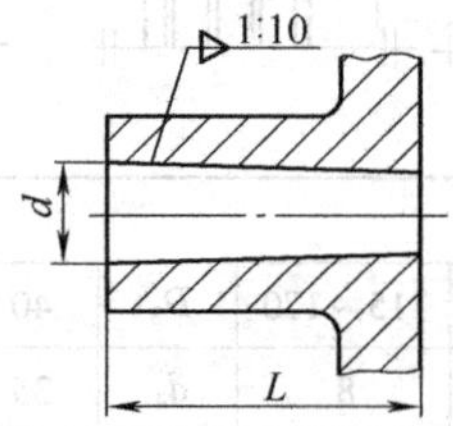	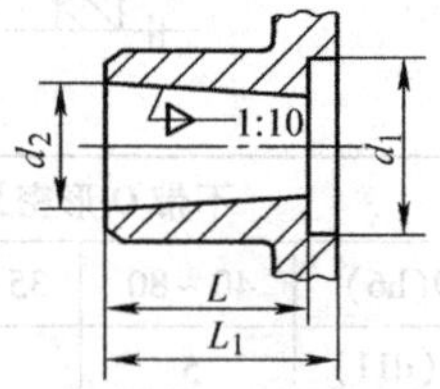
键槽	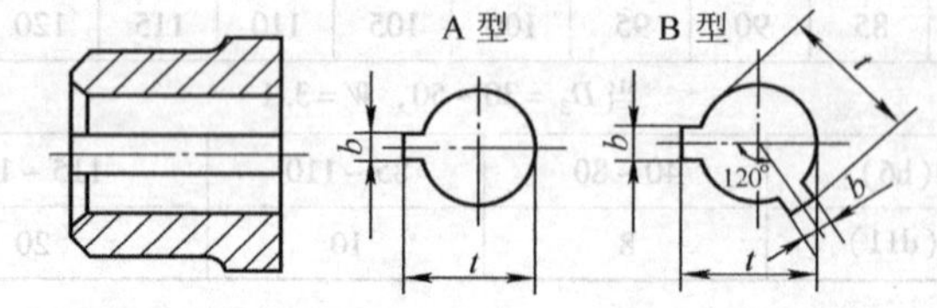		b,t 尺寸参照键联接	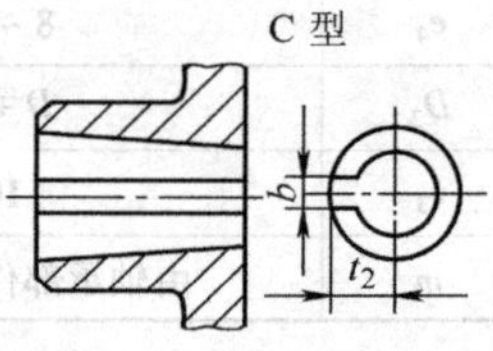

轴孔和C型键槽尺寸（单位：mm）

直径 d, d_2	轴孔长度 L Y型	轴孔长度 L J, Z_1, Z型	L_1	沉孔 d_1	沉孔 R	C型键槽 b	C型键槽 t_2 公称尺寸	C型键槽 t_2 极限偏差	直径 d, d_2	轴孔长度 L Y型	轴孔长度 L J, Z_1, Z型	L_1	沉孔 d_1	沉孔 R	C型键槽 b	C型键槽 t_2 公称尺寸	C型键槽 t_2 极限偏差
16	42	30	42	38	1.5	3	8.7	±0.1	55	112	84	112	95	2.5	14	29.2	±0.2
18						4	10.1		56							29.7	
19							10.6		60	142	107	142	105		16	31.7	
20	52	38	52				10.9		63							32.2	
22							11.9		65							34.2	
24						5	13.4		70				120		18	36.8	
25	62	44	62	48			13.7		71							37.3	
28							15.2		75							39.3	
30	82	60	82	55			15.8		80	172	132	172	140		20	41.6	
32					2	6	17.3		85					3		44.1	
35							18.3		90				160		22	47.1	
38				65			20.3		95							49.6	
40	112	84	112			10	21.2	±0.2	100	212	167	212	180		25	51.3	
42							22.2		110							56.3	
45				80		12	23.7		120				210		28	62.3	
48							25.2		125					4		64.8	
50				95			26.2		130	252	202	252	235			66.4	

轴孔与轴伸的配合、键槽宽度 b 的极限偏差

d, d_2/mm	圆柱形轴孔与轴伸的配合		圆锥形轴孔的直径偏差	键槽宽度 b 的极限偏差
6～30	H7/j6	根据使用要求也可选用H7/r6或H7/n6	JS10（圆锥角度及圆锥形状公差应小于直径公差）	P9（或JS9，D10）
>30～50	H7/k6			
>50	H7/m6			

注：Y型限用于圆柱形轴伸电动机端。

13.2 凸缘联轴器

表 13-2 凸缘联轴器（摘自 GB/T 5843—2003）

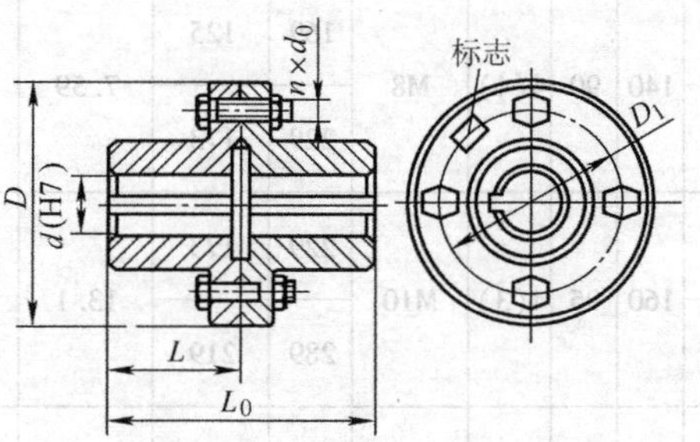

a) GY 型凸缘联轴器

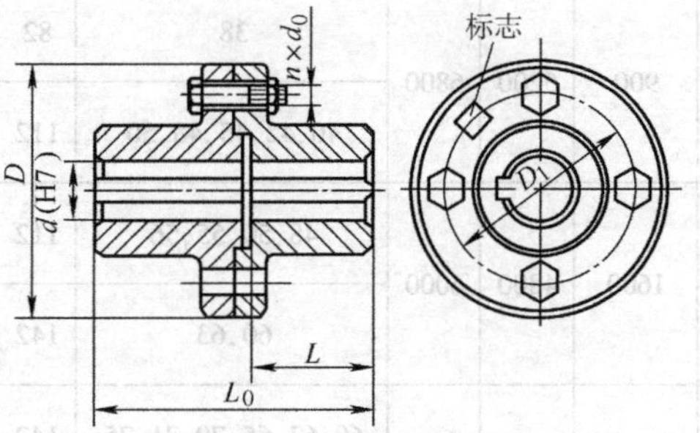

b) GYS 型有对中榫凸缘联轴器

标记示例：

GY5 凸缘联轴器

主动端：J 型轴孔、A 型键槽，d = 30mm，L = 60mm

从动端：J_1 型轴孔、B 型键槽，d = 28mm，L = 44mm

GY5 联轴器 $\frac{J30\times 60}{J_1B28\times 44}$ GB/T 5843—2003

GYS8 凸缘联轴器

主动端：Y 型轴孔、A 型键槽，d = 45mm，L = 112mm

从动端：Y 型轴孔、A 型键槽，d = 45mm，L = 112mm

GYS8 联轴器 45 × 112 GB/T 5843—2003

型号	许用转矩 T_p/(N·m)	许用转速 n_p/(r·min^{-1})		轴孔直径 d/mm	轴孔长度 L/mm		D/mm	D_1/mm	螺栓		L_0		质量 m/kg	转动惯量 J/(kg·m²)
					Y 型	J,J_1 型			数量 n	直径 d_0/mm	Y 型	J,J_1 型		
GY1 GYS1	25	12000		12, 14	32	27	80	53	3(3)	M6	68	58	1.16	0.0008
				16, 18, 19	42	30					88	64		
GY2 GYS2	63	10000		16,18,19	42	30	90	64	4(4)	M8	88	64	1.72	0.0015
				20,22,24	52	44					108	80		
				25	62	44					128	92		
GY3 GYS3	112	9500		20,22,24	52	38	100	69	3(3)	M8	108	80	2.38	0.0025
				25,28	62	44					128	92		
GY4 GYS4	224	5700	9000	25,28	62	44	105	80	3(3)	M6	128	92	3.15	0.003
				30,32,35	82	60					168	124		
GY5 GYS5	400	5500	8000	30,32,35,38	82	60	120	85	4(4)	M8	168	124	5.43	0.007
				40,42	112	84					229	173		

（续）

型号	许用转矩 T_p/(N·m)	许用转速 n_p/(r·min^{-1})		轴孔直径 d/mm	轴孔长度 L/mm		D/mm	D_1 mm	螺栓		L_0		质量 m/kg	转动惯量 J/(kg·m^2)
					Y 型	J,J_1 型			数量 n	直径 d_0/mm	Y 型	J,J_1 型		
GY6 GYS6	900	5200	6800	38	82	60	140	90	4(4)	M8	169	125	7.59	0.015
				40,42,45,48,50	112	84					229	173		
GY7 GYS7	1600	4800	6000	48,50,55,56	112	84	160	95	4(3)	M10	229	173	13.1	0.031
				60,63	142	107					289	219		
GY8 GYS8	3150	4300	4800	60,63,65,70,71,75	142	107	200	105	4(3)	M10	289	219	27.5	0.103
				80	172	132					350	270		
GY9 GYS9	6300	4100	3600	75	142	107	260	115	6(3)	M10	289	219	47.8	0.319
				80,85,90,95	172	132					350	270		
				100	212	167					430	340		
GY10 GYS10	10000	3600	3200	90,95	172	132	300	130	6(4)	M12	350	270	82.0	0.720
				100,110,120,125	212	167					430	340		
GY11 GYS11	25000	3200	2500	120,125	212	167	380	150	8(4)	M12	430	340	162.2	2.278
				130,140,150	252	202					510	410		
				160	302	242					610	490		
GY12 GYS12	50000	2900	2000	150	252	202	460	170	12(6)	M12	510	410	285.6	5.923
				160,170,180	302	242					610	490		
				190,200	352	282					710	570		
GY13 GYS13	100000	2600	1600	190,200,220	352	282	590	185	8(6)	M16	710	570	611.9	19.978
				240,250	410	330					826	666		

注：1. 联轴器质量和转动惯量是按 GY 型联轴器 Y/J1 轴孔组合和最小轴孔近似计算的。

2. 螺栓数量，括号内为铰制孔用螺栓。

13.3 弹性套柱销联轴器

表 13-3 弹性套柱销联轴器（摘自 GB/T 4323—2002）

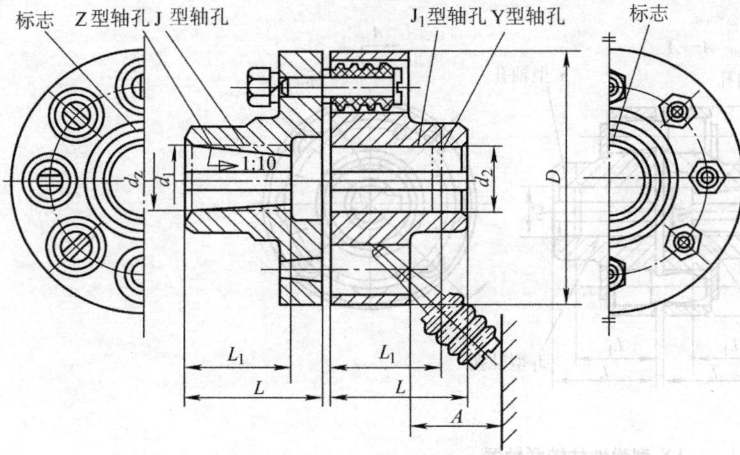

LT 型弹性套柱销联轴器

标记示例：

LT3 弹性套柱销联轴器

主动端：Z 型轴孔、C 型键槽，d_z = 16mm，L = 30mm

从动端：J 型轴孔、B 型键槽，d_2 = 18mm，L = 42mm

LT3 联轴器 $\frac{ZC16\times30}{JB18\times42}$ GB/T 4323—2002

型号	许用转矩 T_p/(N·m)	许用转速 n_p/(r·min)$^{-1}$		轴孔直径 d_1/mm、d_2/mm、d_z/mm		轴孔长度			D/mm	A/mm	质量 m/kg	转动惯量 J/(kg·m²)	许用相对位移	
		铁	钢	铁	钢	Y 型 L/mm	J、J_1、Z 型 L_1/mm	L/mm					径向/mm	角向
LT1	6.3	6600	8800	9	9	20	14	—	71	18	0.82	0.0005	0.2	1°30′
				10,11	10,11	25	17	—						
				12	12,14	32	20	—						
LT2	16	5500	7600	12,14	12,14	32	20	42	80	18	1.20	0.0008	0.2	1°30′
				16	16,18,19	42	30	42						
LT3	31.5	4700	6300	16,18,19	16,18,19	42	30	42	95	35	2.20	0.0023	0.2	1°30′
				20	20,22	52	38	52						
LT4	63	4200	5700	20,22,24	20,22,24	52	38	52	106	35	2.84	0.0037	0.2	1°30′
				—	25,28	62	44	62						
LT5	125	3600	4600	25,28	25,28	62	44	62	130	45	6.05	0.012	0.3	1°30′
				30,32	30,32,35	82	60	82						
LT6	250	3300	3800	32,35,38	32,35,38	82	60	82	160	45	9.57	0.028	0.3	1°00′
				40	40,42	112	84	112						
LT7	500	2800	3600	40,42,45	40,42,45,48	112	84	112	190	45	14.1	0.055	0.3	1°00′
LT8	710	2400	3000	45,48,50,55	45,48,50,55,56	112	84	112	224	65	23.12	0.134	0.4	1°00′
				—	60,63	142	107	142						
LT9	1000	2100	2850	50,55,56	50,55,56	112	84	112	250	65	30.69	0.13	0.4	1°00′
				60,63	60,63,65,70,71	142	107	142						
LT10	2000	1700	2300	63,65,70,71,75	63,65,70,71,75	142	107	142	315	80	61.4	0.660	0.4	1°00′
				80,85	80,85,90,95	172	132	172						
LT11	4000	1350	1800	80,85,90,95	80,85,90,95	172	132	172	400	100	120.7	2.122	0.5	0°30′
				100,110	100,110	212	167	212						

注：1. 表中联轴器质量、转动惯量是近似值。

2. 轴孔型式及长度 L、L_1 可根据需要选取。

3. 短时过载不得超过许用转矩 T_p 值的 2 倍。

13.4　弹性柱销联轴器

表 13-4　弹性柱销联轴器（摘自 GB/T 5014—2003）

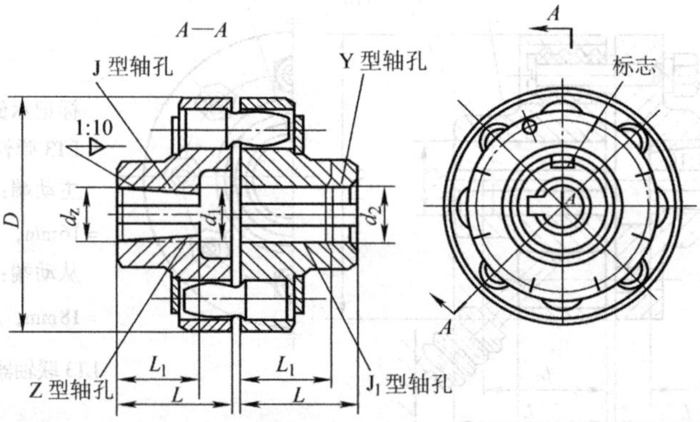

LX 型弹性柱销联轴器

标记示例：
LX6 弹性柱销联轴器
主动端：Y 型轴孔、A 型键槽，$d_1=65$mm，$L=142$mm
从动端：Y 型轴孔、A 型键槽，$d_2=65$mm，$L=142$mm
LX6 联轴器 65×142 GB/T 5014—2003

型号	许用转矩 T_p/(N·m)	许用转速 n_p/(r·min^{-1})	轴孔直径 d_1/mm、d_2/mm、d_z/mm	轴孔长度 Y 型 L/mm	轴孔长度 J、J_1、Z 型 L_1/mm	轴孔长度 J、J_1、Z 型 L/mm	D/mm	质量 m/kg	转动惯量 J/(kg·m^2)	许用相对位移 轴向/mm	许用相对位移 径向/mm	许用相对位移 角向
LX1	250	8500	12,14	32	27	32	90	2	0.002	0.5	0.15	0°30′
			16,18,19	42	30	42						
			20,22,24	52	38	52						
LX2	560	6300	20,22,24	52	38	52	120	5	0.009	1	0.15	0°30′
			25,28	62	44	62						
			30,32,35	82	60	82						
LX3	1250	4750	30,32,35,38	82	60	82	160	8	0.026	1	0.15	0°30′
			40,42,45,48	112	84	112						
LX4	2500	3870	40,42,45,48,50,55,56	112	84	112	195	22	0.109	1.5	0.15	0°30′
			60,63	142	107	142						
LX5	3150	3450	50,55,56	112	84	112	220	30	0.191	1.5	0.15	0°30′
			60,63,65,70,71,75	142	107	142						
LX6	6300	2720	60,63,65,70,71,75,80	142	107	142	280	53	0.543	2	0.20	0°30′
			85	172	132	172						
LX7	11200	2360	70,71,75	142	107	142	320	98	1.314	2	0.20	0°30′
			80,85,90,95	172	132	172						
			100,110	212	167	212						
LX8	16000	2120	80,85,90,95	172	132	172	360	119	2.023	2	0.20	0°30′
			100,110,120,125	212	167	212						

注：1. 表中联轴器质量、转动惯量是近似值。
2. 轴孔型式及长度 L、L_1 可根据需要选取。

第14章　电　动　机

14.1　常用Y系列异步电动机

表14-1　Y系列三相异步电动机技术数据

电动机型号	额定功率/kW	满载转速/(r·min^{-1})	堵转转矩/额定转矩	最大转矩/额定转矩
同步转速3000r/min，2级				
Y801-2	0.75	2825	2.2	2.2
Y802-2	1.1	2825	2.2	2.2
Y90S-2	1.5	2840	2.2	2.2
Y90L-2	2.2	2840	2.2	2.2
Y100L-2	3	2880	2.2	2.2
Y112M-2	4	2890	2.2	2.2
Y132S1-2	5.5	2920	2.0	2.2
Y132S2-2	7.5	2920	2.0	2.2
Y160M1-2	11	2930	2.0	2.2
Y160M2-2	15	2930	2.0	2.2
Y160L-2	18.5	2930	2.0	2.2
Y180M-2	22	2940	2.0	2.2
Y200L1-2	30	2950	2.0	2.2
Y200L2-2	37	2950	2.0	2.2
Y225M-2	45	2970	2.0	2.2
Y250M-2	55	2970	2.0	2.2
同步转速1000r/min，6级				
Y90S-6	0.75	910	2.0	2.0
Y90L-6	1.1	910	2.0	2.0
Y100L-6	1.5	940	2.0	2.0
Y112M-6	2.2	940	2.0	2.0
Y132S-6	3	960	2.0	2.0
Y132M1-6	4	960	2.0	2.0
Y132M2-6	5.5	960	2.0	2.0
Y160M-6	7.5	970	2.0	2.0
Y160L-6	11	970	2.0	2.0
Y180L-6	15	970	1.8	2.0
Y200L1-6	18.5	970	1.8	2.0
Y200L2-6	22	970	1.8	2.0
Y225M-6	30	980	1.7	2.0
Y250M-6	37	980	1.8	2.0
Y280S-6	45	980	1.8	2.0
Y280M-6	55	980	1.8	2.0

电动机型号	额定功率/kW	满载转速/(r·min^{-1})	堵转转矩/额定转矩	最大转矩/额定转矩
同步转速1500r/min，4级				
Y801-4	0.55	1390	2.2	2.2
Y802-4	0.75	1390	2.2	2.2
Y90S-4	1.1	1400	2.2	2.2
Y90L-4	1.5	1400	2.2	2.2
Y100L1-4	2.2	1420	2.2	2.2
Y100L2-4	3	1420	2.2	2.2
Y112M-4	4	1440	2.2	2.2
Y132S-4	5.5	1440	2.2	2.2
Y132M-4	7.5	1440	2.2	2.2
Y160M-4	11	1460	2.2	2.2
Y160L-4	15	1460	2.2	2.2
Y180M-4	18.5	1470	2.0	2.2
Y180L-4	22	1470	2.0	2.2
Y200L-4	30	1470	2.0	2.2
Y225S-4	37	1480	1.9	2.2
Y225M-4	45	1480	1.9	2.2
Y250M-4	55	1480	2.0	2.2
Y280S-4	75	1480	1.9	2.2
Y280M-4	90	1480	1.9	2.2
同步转速750r/min，8级				
Y132S-8	2.2	710	2.0	2.0
Y132M-8	3	710	2.0	2.0
Y160M1-8	4	720	2.0	2.0
Y160M2-8	5.5	720	2.0	2.0
Y160L-8	7.5	720	2.0	2.0
Y180L-8	11	730	1.7	2.0
Y200L-8	15	730	1.8	2.0
Y225S-8	18.5	730	1.7	2.0
Y225M-8	22	730	1.8	2.0
Y250M-8	30	730	1.8	2.0
Y280S-8	37	740	1.8	2.0
Y280M-8	45	740	1.8	2.0
Y315S-8	55	740	1.6	2.0

注：电动机型号意义：以Y132S2-2—B3为例，Y表示系列代号，132表示机座中心高，S表示短机座，第二种铁心长度（M——中机座，L——长机座），2为电动机的极数，B3表示安装型式。

14.2 Y系列电动机安装代号及尺寸

表 14-2 Y 系列电动机安装代号

安装型式	基本安装型	由 B3 派生安装型				
	B3	V5	V6	B6	B7	B8
示意图	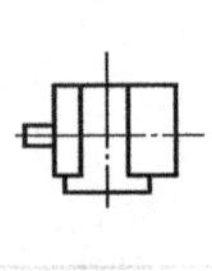	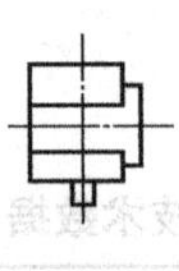	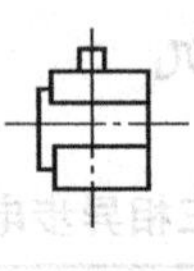			
中心高/mm	80 ~ 280	80 ~ 160				
安装型式	基本安装型	由 B5 派生安装型		基本安装型	由 B35 派生安装型	
	B5	V1	V3	B35	V15	V36
示意图	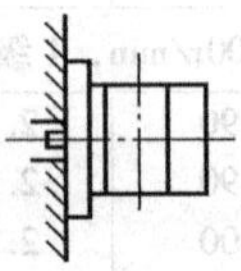	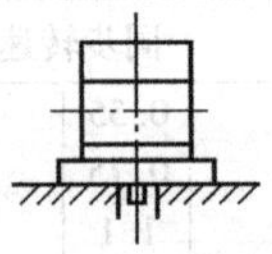	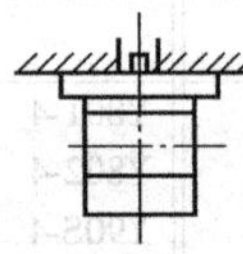	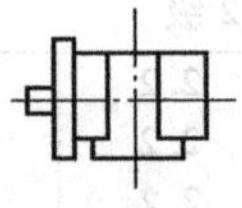	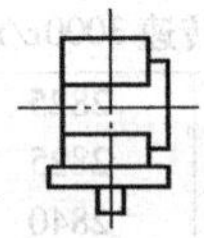	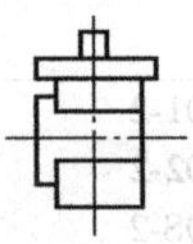
中心高/mm	80 ~ 225	80 ~ 280	80 ~ 160	80 ~ 280	80 ~ 160	

Y 系列电动机的安装及外形尺寸

表 14-3 机座带底脚，端盖无凸缘(B3,B6,B7,B8,V5,V6 型) (单位:mm)

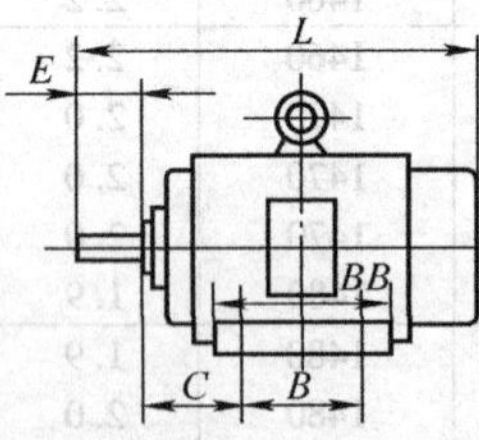

Y80~Y132

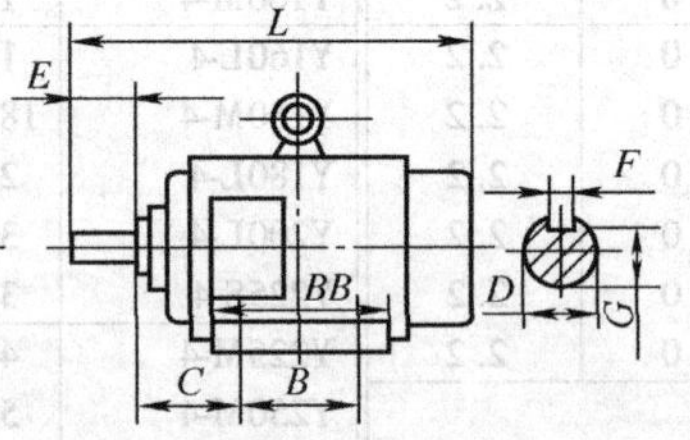

Y160~Y280

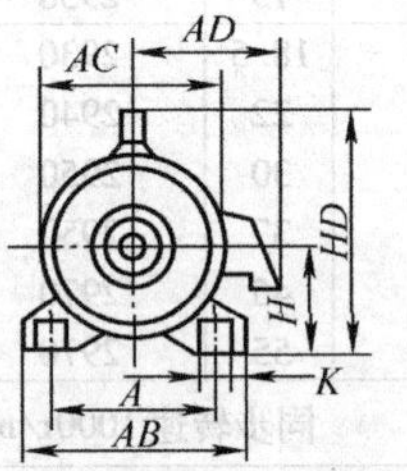

机座号	极数	*A*	*B*	*C*	*D*		*E*	*F*	*G*	*H*	*K*	*AB*	*AC*	*AD*	*HD*	*BB*	*L*
80	2,4	125	100	50	19	±0.009 −0.004	40	6	15.5	80	10	165	165	150	170	130	285
90S	2,4,6	140		56	24		50	8	20	90		180	175	155	190		310
90L			125													155	335
100L		160	140	63	28		60		24	100	12	205	205	180	245	170	380
112M		190		70						112		245	230	190	265	180	400
132S	2,4,6,8	216		89	38	+0.018 +0.002	80	10	33	132		280	270	210	315	200	475
132M			178													238	515
160M		254	210	108	42		110	12	37	160	15	330	325	255	385	270	600
160L			254													314	645
180M		279	241	121	48			14	42.5	180		335	360	285	430	311	670
180L			279													349	710
200L		318	305	133	55			16	49	200	19	395	400	310	475	379	775
225S	4,8	356	286	149	60		140	18	53	225		435	450	345	530	368	820
225M	2		311		55		110	16	49							393	815
	4,6,8				60	+0.030 +0.011	140	18	53								845
250M	2	406	349	168						250		490	495	385	575	455	930
	4,6,8				65				58								
280S	2	457	368	190						280	24	550	555	410	640	530	1000
	4,6,8				75			20	67.5								
280M	2		419		65			18	58							581	1050
	4,6,8				75			20	67.5								

第 15 章　常用联接件

15.1　螺栓

表 15-1　六角头螺栓——A 和 B 级（GB/T 5782—2000 摘录）、六角头螺栓—全螺纹——A 和 B 级（GB/T 5783—2000 摘录）　　（单位：mm）

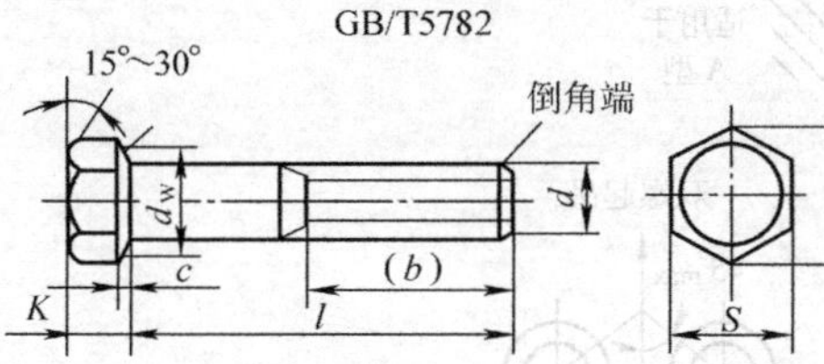

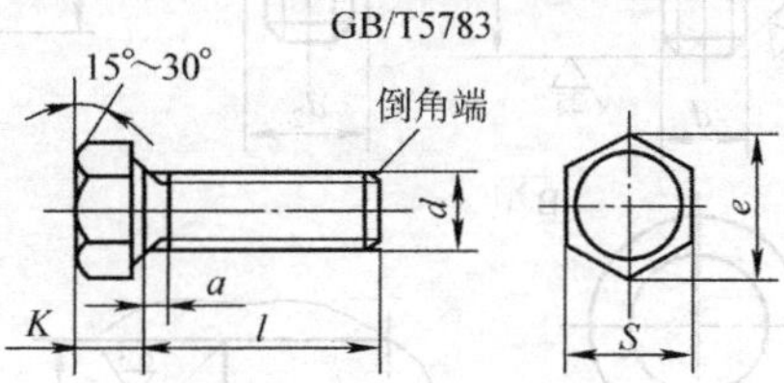

标记示例：

螺纹规格 d = M12，公称长度 l = 80mm，性能等级为 9.8 级，表面氧化，A 级的六角头螺栓：

螺栓　GB/T 5782　M12 × 80

标记示例：

螺纹规格 d = M12，公称长度 l = 80mm，性能等级为 9.8 级，表面氧化，全螺纹，A 级的六角头螺栓：

螺栓　GB/T 5783　M12 × 80

螺纹规格 d			M3	M4	M5	M6	M8	M10	M12	(M14)	M16	(M18)	M20	(M22)	M24	(M27)	M30	M36
b 参考	l≤125		12	14	16	18	22	26	30	34	38	42	46	50	54	60	66	78
	125 < l≤200		—	—	—	—	28	32	36	40	44	48	52	56	60	66	72	84
	l > 200		—	—	—	—	—	—	—	53	57	61	65	69	73	79	85	97
a	max		1.5	2.1	2.4	3	3.75	4.5	5.25	6	6	7.5	7.5	7.5	9	9	10.5	12
c	max		0.4	0.4	0.5	0.5	0.6	0.6	0.6	0.6	0.8	0.8	0.8	0.8	0.8	0.8	0.8	0.8
d_w	min	A	4.57	5.88	6.88	8.88	11.63	14.63	16.63	19.64	22.49	25.34	28.19	31.71	33.61	—	—	—
		B	—	—	6.74	8.74	11.47	14.47	16.47	19.15	22	24.85	27.7	31.35	33.25	38	42.75	51.11
e	min	A	6.01	7.66	8.79	11.05	14.38	17.77	20.03	23.36	26.75	30.14	33.53	37.72	39.98	—	—	—
		B	5.88	7.50	8.63	10.89	14.20	17.59	19.85	22.78	26.17	29.56	32.95	37.29	39.55	45.2	50.85	60.79
K	公称		2	2.8	3.5	4	5.3	6.4	7.5	8.8	10	11.5	12.5	14	15	17	18.7	22.5
r	min		0.1	0.2	0.2	0.25	0.4	0.4	0.6	0.6	0.6	0.6	0.8	1	0.8	1	1	1
S	公称		5.5	7	8	10	13	16	18	21	24	27	30	34	36	41	46	55
l 范围（GB/T 5782—2000）			20 ~ 30	25 ~ 40	25 ~ 50	30 ~ 60	35 ~ 80	40 ~ 100	45 ~ 120	60 ~ 140	55 ~ 160	60 ~ 180	65 ~ 200	70 ~ 220	80 ~ 240	90 ~ 260	90 ~ 300	110 ~ 360
l 范围（全螺纹）（GB/T 5783—2000A 型）			6 ~ 30	8 ~ 40	10 ~ 50	12 ~ 60	16 ~ 80	20 ~ 100	25 ~ 100	30 ~ 140	35 ~ 100	35 ~ 180	40 ~ 100	45 ~ 200	40 ~ 100	55 ~ 200	40 ~ 100	
l 系列			6，8，10，12，16，20 ~ 70（5 进位），80 ~ 160（10 进位），180 ~ 360（20 进位）															
技术条件			材料		力学性能等级				螺纹公差	公差产品等级							表面处理	
			钢		5，6，8.8，9.8，10.9				6g	A 级用于 d≤24 和 l≤10d 或 l≤150 B 级用于 d > 24 和 l > 10d 或 l > 150							氧化或电镀、协议简单处理	
			不锈钢		A2—70、A4—70													
			有色金属		Cu2、Cu3 等													

注：1. A，B 为产品等级。

2. 括号内为第二系列螺纹直径规格，尽量不采用。

15.2 吊环螺钉

表 15-2 吊环螺钉（GB/T 825—1988 摘录） （单位:mm）

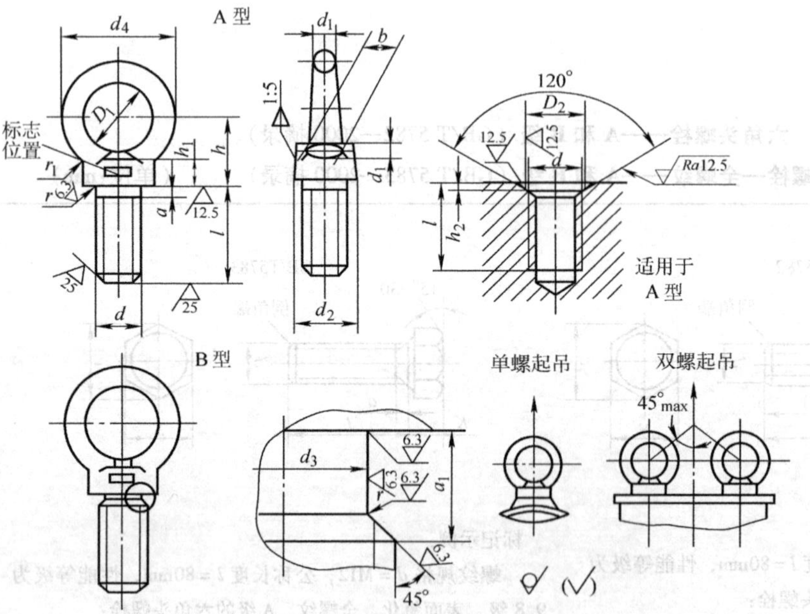

标记示例：

规格为 20mm，材料为 20 钢，经正火处理，不经表面处理的 A 型吊环螺钉：

螺钉 GB/T 825 M20

螺纹规格 d			M8	M10	M12	M16	M20	M24	M30	M36	M42	M48
d_1		max	9.1	11.1	13.1	15.2	17.4	21.4	25.7	30	34.4	40.7
		min	7.6	9.6	11.6	13.6	15.6	19.6	23.5	27.5	31.2	37.1
D_1		公称	20	24	28	34	40	48	56	67	80	95
d_2		max	21.1	25.1	29.1	35.2	41.4	49.4	57.7	69	82.4	97.7
		min	19.6	23.6	27.6	33.6	39.6	47.6	55.5	66.5	79.2	94.1
h_1		max	7	9	11	13	15.1	19.1	23.2	27.4	31.7	36.9
		min	5.6	7.6	9.6	11.6	13.5	17.5	21.4	25.4	29.2	34.1
l		公称	16	20	22	28	35	40	45	55	65	70
d_4		参考	36	44	52	62	72	88	104	123	144	171
h			18	22	26	31	36	44	53	63	74	87
r_1			4	4	6	6	8	12	15	18	20	22
r		max	1	1	1	1	1	2	2	3	3	3
a_1		min	3.75	4.5	5.25	6	7.5	9	10.5	12	13.5	15
d_3		公称(max)	6	7.7	9.4	13	16.4	19.6	25	30.8	35.6	41
a		max	2.5	3	3.5	4	5	6	7	8	9	10
b			10	12	14	16	19	24	28	32	38	46
D_2		公称(min)	13	15	17	22	28	32	38	45	52	60
h_2		公称(min)	2.5	3	3.5	4.5	5	7	8	9.5	10.5	11.5
最大起吊重量/t	单螺钉起吊	（见上图）	0.16	0.25	0.4	0.63	1	1.6	2.5	4	6.3	8
	双螺钉起吊		0.08	0.125	0.2	0.32	0.5	0.8	1.25	2	3.2	4

注：1. M8～M36 为商业规格。

2. 最大起吊重量系指平稳起吊时的重量。

15.3　螺纹结构尺寸

表 15-3　普通粗牙螺纹的余留长度、钻孔余留深度　（单位：mm）

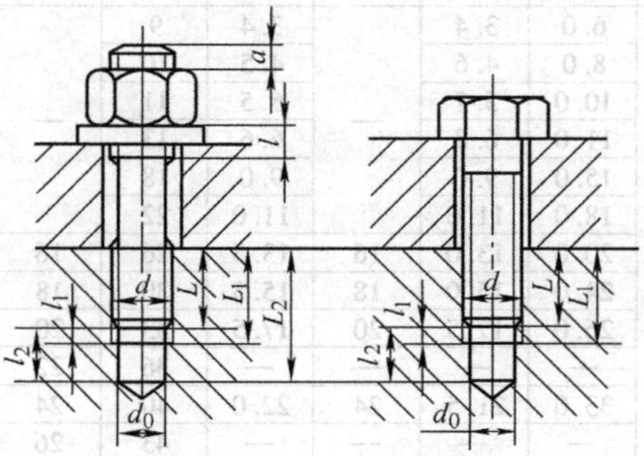

螺纹直径 d	余留长度 内螺纹 l_1	余留长度 外螺纹 l	余留长度 钻孔 l_2	末端长度 a
6	2	3.5	6	1.5 ~ 2.5
8	2.5	4	8	
10	3	4.5	9	2 ~ 3
12	3.5	5.5	11	
14	4	6	12	2.5 ~ 4
16				
18	5	7	15	
20				
22				
24	6	8	18	3 ~ 5
27				
30	7	9	21	
36	8	10	24	4 ~ 7
42	9	11	27	

注：拧入深度 L 由设计者决定（见表 6-55）。钻孔深度 $L_2 = L + l_2$，螺孔深度 $L_1 = L + l_1$。

表 15-4　粗牙螺栓、螺钉的拧入深度和螺纹孔尺寸（参考）　（单位：mm）

d	d_0	用于钢或青铜 h	用于钢或青铜 L	用于铸铁 h	用于铸铁 L	用于铝 h	用于铝 L
6	5	8	6	12	10	15	12
8	6.8	10	8	15	12	20	16
10	8.5	12	10	18	15	24	20
12	10.2	15	12	22	18	28	24
16	14	20	16	28	24	36	32
20	17.5	25	20	35	30	45	40
24	21	30	24	42	35	55	48
30	26.5	36	30	50	45	70	60
36	32	45	36	65	55	80	72
42	37.5	50	42	75	65	95	85

注：h 为内螺纹通孔长度；L 为双头螺栓或螺钉拧入深度；d_0 为攻螺纹前钻孔直径。

表 15-5　螺栓和螺钉通孔及沉孔尺寸　　（单位：mm）

螺纹规格	螺栓和螺钉通孔直径 d_h（GB/T 5277—1985 摘录）			沉头螺钉及半沉头螺钉的沉孔（GB/T 152.2—1988 摘录）				内六角圆柱头螺钉的圆柱头沉孔（GB/T 152.3—1988 摘录）				六角头螺栓和六角螺母的沉孔（GB/T 152.4—1988 摘录）			
	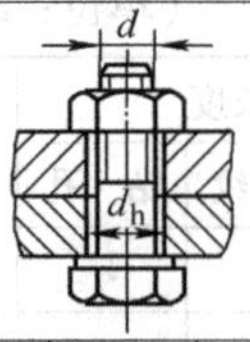			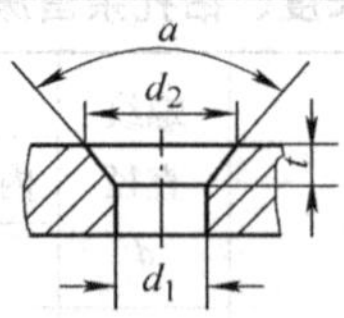				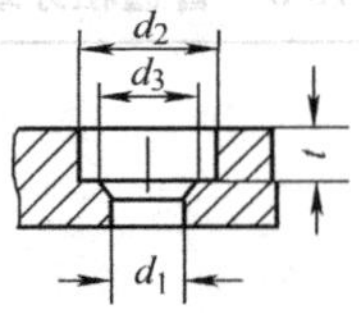				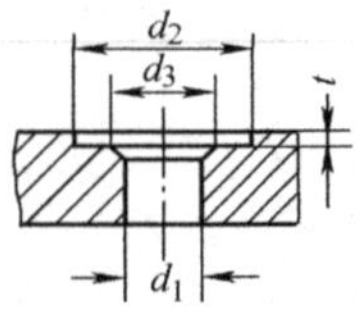			
d	精装配	中等装配	粗装配	d_2	$t\approx$	d_1	a	d_2	t	d_3	d_1	d_2	d_3	d_1	t
M3	3.2	3.4	3.6	6.4	1.6	3.4	$90^{\circ}{}^{-2^{\circ}}_{-4^{\circ}}$	6.0	3.4	—	3.4	9	—	3.4	只要能制出与通孔轴线垂直的圆平面即可
M4	4.3	4.5	4.8	9.6	2.7	4.5		8.0	4.6	—	4.5	10	—	4.5	
M5	5.3	5.5	5.8	10.6	2.7	5.5		10.0	5.7	—	5.5	11	—	5.5	
M6	6.4	6.6	7	12.8	3.3	6.6		11.0	6.8	—	6.6	13	—	6.6	
M8	8.4	9	10	17.6	4.6	9		15.0	9.0	—	9.0	18	—	9.0	
M10	10.5	11	12	20.3	5.0	11		18.0	11.0	—	11.0	22	—	11.0	
M12	13	13.5	14.5	24.4	6.0	13.5		20.0	13.0	16	13.5	26	16	13.5	
M14	15	15.5	16.5	28.4	7.0	15.5		24.0	15.0	18	15.5	30	18	13.5	
M16	17	17.5	18.5	32.4	8.0	17.5		26.0	17.5	20	17.5	33	20	17.5	
M18	19	20	21	—	—	—		—	—	—	—	36	22	20.0	
M20	21	22	24	40.4	10.0	22		33.0	21.5	24	22.0	40	24	22.0	
M22	23	24	26	—	—	—		—	—	—	—	43	26	24	
M24	25	26	28	—	—	—		40.0	25.5	28	26.0	48	28	26	
M27	28	30	32	—	—	—		—	—	—	—	53	33	30	
M30	31	33	35	—	—	—		48.0	32.0	36	33.0	61	36	33	
M36	37	39	42	—	—	—		57.0	38.0	42	39.0	71	42	39	

15.4　螺母与弹簧垫圈

表 15-6　Ⅰ型六角螺母（GB/T 6170—2000 摘录）、六角薄螺母（GB/T 6172.1—2000 摘录）　　（单位：mm）

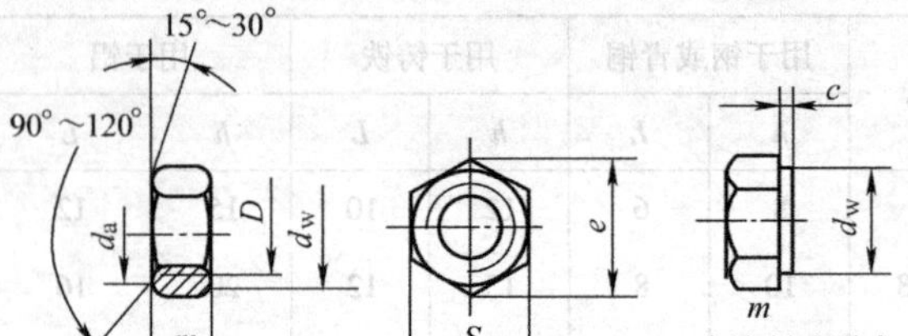

允许制造型式
(GB/T6170)

标记示例：

螺纹规格 D = M12，性能等级为 10 级，不经表面处理，A 级的Ⅰ型六角螺母：

螺母　GB/T 6170　M12

螺纹规格 D = M12，性能等级为 04 级，不经表面处理，A 级的六角薄螺母：

螺母　GB/T 6172.1　M12

螺纹规格 D		M3	M4	M5	M6	M8	M10	M12	(M14)	M16	(M18)	M20	(M22)	M24	(M27)	M30	M36
d_a	max	3.45	4.6	5.75	6.75	8.75	10.8	13	15.1	17.3	19.5	21.6	23.7	25.9	29.1	32.4	38.9
d_w	min	4.6	5.9	6.9	8.9	11.6	14.6	16.6	19.6	22.5	24.8	27.7	31.4	33.2	38	42.7	51.1
e	min	6.01	7.66	8.79	11.05	14.38	17.77	20.03	23.35	26.75	29.56	32.95	37.29	39.55	45.2	50.85	60.79
S	max	5.5	7	8	10	13	16	18	21	24	27	30	34	36	41	46	55
c	max	0.4	0.4	0.5	0.5	0.6	0.6	0.6	0.6	0.8	0.8	0.8	0.8	0.8	0.8	0.8	0.8
m max	六角螺母	2.4	3.2	4.7	5.2	6.8	8.4	10.8	12.8	14.8	15.8	18	19.4	21.5	23.8	25.6	31
	薄螺母	1.8	2.2	2.7	3.2	4	5	6	7	8	9	10	11	12	13.5	15	18

技术条件	材料	机械性能等级	螺纹公差	表面处理	公差产品等级
	钢	6，8，10	6H	不经处理 电镀或协议	A 级用于 $D \leqslant$ M16 B 级用于 $D >$ M16

注：尽可能不采用括号内的规格。

表 15-7 标准型弹簧垫圈（GB/T 93—1987 摘录）、轻型弹簧垫圈（GB/T 859—1987 摘录）

（单位：mm）

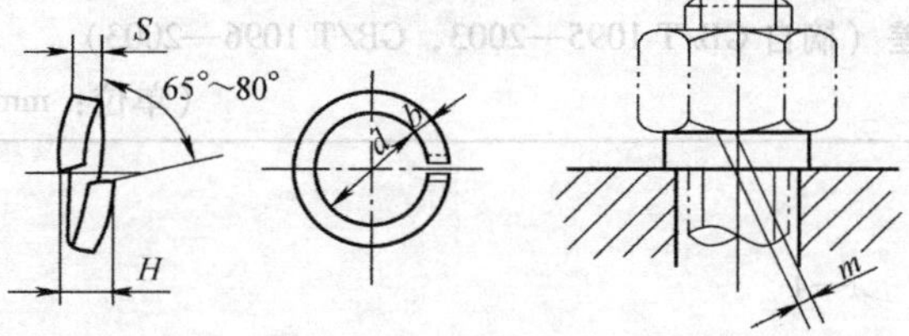

标记示例：

规格 16mm，材料为 65Mn，表面氧化的标准型（或轻型）弹簧垫圈：

垫圈 GB/T 93 16（或 GB/T 859 16）

规格（螺纹大径）			3	4	5	6	8	10	12	(14)	16	(18)	20	(22)	24	(27)	30	(33)	36
GB 93—87	S、b	公称	0.8	1.1	1.3	1.6	2.1	2.6	3.1	3.6	4.1	4.5	5.0	5.5	6.0	6.8	7.5	8.5	9
	H	min	1.6	2.2	2.6	3.2	4.2	5.2	6.2	7.2	8.2	9	10	11	12	13.6	15	17	18
		max	2	2.75	3.25	4	5.25	6.5	7.75	9	10.25	11.25	12.5	13.75	15	17	18.75	21.25	22.5
	m	≤	0.4	0.55	0.65	0.8	1.05	1.3	1.55	1.8	2.05	2.25	2.5	2.75	3	3.4	3.75	4.25	4.5
GB 859—87	S	公称	0.6	0.8	1.1	1.3	1.6	2	2.5	3	3.2	3.6	4	4.5	5	5.5	6	—	—
	b	公称	1	1.2	1.5	2	2.5	3	3.5	4	4.5	5	5.5	6	7	8	9	—	—
	H	min	1.2	1.6	2.2	2.6	3.2	4	5	6	6.4	7.2	8	9	10	11	12	—	—
		max	1.5	2	2.75	3.25	4	5	6.25	7.5	8	9	10	11.25	12.5	13.75	15	—	—
	m	≤	0.3	0.4	0.55	0.65	0.8	1.0	1.25	1.5	1.6	1.8	2.0	2.25	2.5	2.75	3.0	—	—

注：尽可能不采用括号内的规格。

15.5 销

表 15-8 圆柱销（GB/T 119.1—2000 摘录）、圆锥销（GB/T 117—2000 摘录）

（单位：mm）

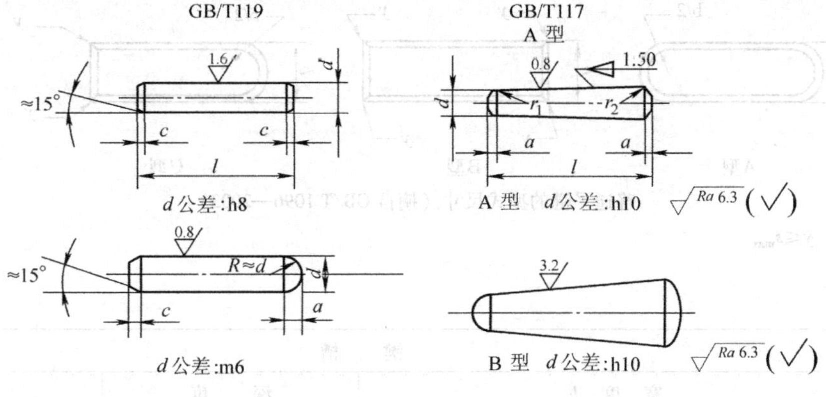

标记示例：

公称直径 d = 8mm、长度 l = 30mm、材料为 35 钢、热处理硬度 28 ~ 38HRC、表面氧化处理的圆柱销（或 A 型圆锥销）：

销 GB/T 119.1 8h8 × 30（或 GB/T 117 8 × 30）

公称直径 d			3	4	5	6	8	10	12	16	20	25
圆柱销	c≈		0.5	0.63	0.8	1.2	1.6	2.0	2.5	3.0	3.5	4.0
	l（公称）		8 ~ 30	8 ~ 40	10 ~ 50	12 ~ 60	14 ~ 80	18 ~ 95	22 ~ 140	26 ~ 180	35 ~ 200	50 ~ 200
圆锥销	d	min	2.96	3.95	4.95	5.95	7.94	9.94	11.93	15.93	19.92	24.92
		max	3	4	5	6	8	10	12	16	20	25
	a≈		0.4	0.5	0.63	0.8	1.0	1.2	1.6	2.0	2.5	3.0
	l（公称）		12 ~ 45	14 ~ 55	18 ~ 60	22 ~ 90	22 ~ 120	26 ~ 160	32 ~ 180	40 ~ 200	45 ~ 200	50 ~ 200
l（公称）的系列			12 ~ 32（2 进位），35 ~ 100（5 进位），100 ~ 200（20 进位）									

15.6 键

表 15-9 普通平键、键槽的尺寸与公差（摘自 GB/T 1095—2003，GB/T 1096—2003）

（单位：mm）

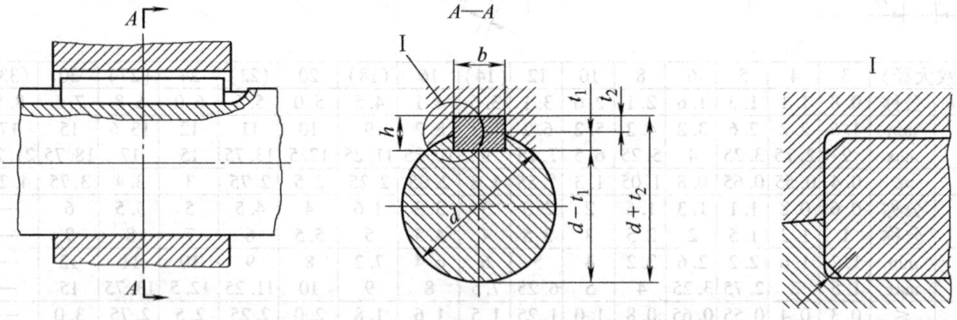

普通平键键槽的剖面尺寸(摘自 GB/T1095–2003)

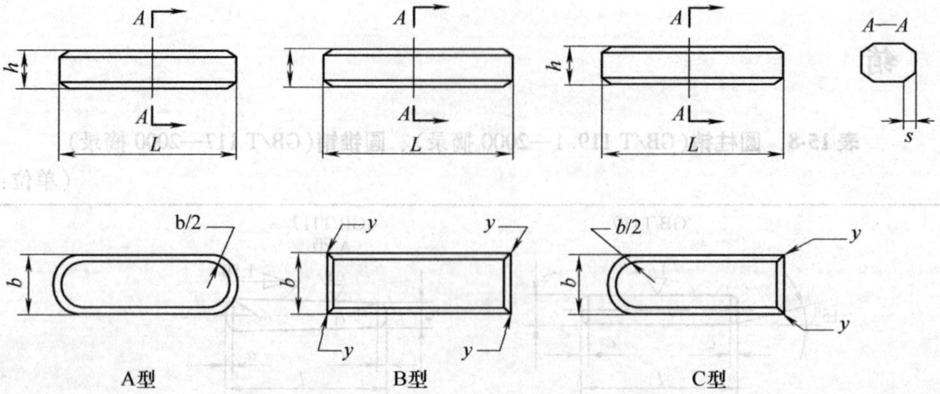

普通平键的型式尺寸（摘自 GB/T 1096—2003）

注：$y \leq s_{max}$

键尺寸 $b\times h$	键槽												
	宽度 b						深度				半径 r		倒角或倒圆 s
	公称尺寸	极限偏差					轴 t_1		毂 t_2				
		正常联结		紧密联结	松联结		公称尺寸	极限偏差	公称尺寸	极限偏差			
		轴 N9	毂 JS9	轴和毂 P9	轴 H9	毂 D10					min	max	
2×2	2	−0.004	±0.0125	−0.006	+0.025	+0.060	1.2		1.0				
3×3	3	−0.029		−0.031	0	+0.020	1.8		1.4		0.08	0.16	0.16～0.25
4×4	4						2.5	+0.1	1.8	+0.1			
5×5	5	0	±0.015	−0.012	+0.030	+0.078	3.0	0	2.3	0			
6×6	6	−0.030		−0.042	0	+0.030	3.5		2.8		0.16	0.25	0.25～0.40

（续）

键尺寸 $b \times h$	键槽												
	宽度 b						深度				半径 r		倒角或倒圆 s
	公称尺寸	极限偏差					轴 t_1		毂 t_2				
		正常联结		紧密联结	松联结		公称尺寸	极限偏差	公称尺寸	极限偏差			
		轴 N9	毂 JS9	轴和毂 P9	轴 H9	毂 D10					min	max	
8×7	8	0 −0.036	±0.018	−0.015 −0.051	+0.036 0	+0.098 +0.040	4.0	+0.2 0	3.3	+0.2 0	0.16	0.25	0.25~0.40
10×8	10						5.0		3.3		0.25	0.40	0.40~0.60
12×8	12	0 −0.043	±0.0215	−0.018 −0.061	+0.043 0	+0.120 +0.050	5.0		3.3				
14×9	14						5.5		3.8				
16×10	16						6.0		4.3				
18×11	18						7.0		4.4				
20×12	20	0 −0.052	±0.026	−0.022 −0.074	+0.052 0	+0.149 +0.065	7.5		4.9		0.40	0.60	0.70~1.00
22×14	22						9.0		5.4				
25×14	25						9.0		5.4				
28×16	28						10.0		6.4				
32×18	32	0 −0.062	±0.031	−0.026 −0.088	+0.062 0	+0.180 +0.080	11.0		7.4				
36×20	36						12.0		8.4		0.70	1.00	1.20~1.60
40×22	40						13.0		9.4				
45×25	45						15.0		10.4				
50×28	50						17.0		11.4				
56×32	56	0 −0.074	±0.037	−0.032 −0.106	+0.074 0	+0.220 +0.100	20.0	+0.3 0	12.4	+0.3 0	1.20	1.60	2.00~2.50
63×32	63						20.0		12.4				
70×36	70						22.0		14.4				
80×40	80						25.0		15.4		2.00	2.50	2.50~3.00
90×45	90	0 −0.087	±0.0435	−0.037 −0.124	+0.087 0	+0.260 +0.120	28.0		17.4				
100×50	100						31.0		19.4				
L 系列 6、8、10、12、14、16、18、20、22、25、28、32、36、40、45、50、56、63、70、80、90、100、110、125、140、160、180、200、220、250、280、320、360、400、450、500													

标记示例：

宽度 $b=16$mm、高度 $h=10$mm、长度 $L=100$mm 普通 A 型平键的标记为

GB/T 1096 键 16×10×100

宽度 $b=16$mm、高度 $h=10$mm、长度 $L=100$mm 普通 B 型平键的标记为

GB/T 1096 键 B16×10×100

宽度 $b=16$mm、高度 $h=10$mm、长度 $L=100$mm 普通 C 型平键的标记为

GB/T 1096 键 C16×10×100

第 16 章　设计任务书格式及设计题目

16.1 设计任务书参考格式

机械设计基础课程设计任务书

班级___姓名____学号____指导教师____

设计题目：_________级____________减速器

（用于自动送料的带式运输机的传动装置）

原始数据：运输机滚筒直径__________

运输带速度 v（或卷筒转速 n）__________

运输带工作拉力 F

（或所需功率 P 或所需转矩 T）__________

工作条件：环境及温度__________

使用期限__________

传动比误差__________

迴转方向__________

载荷性质__________

设计工作量：1. 设计说明书一份

2. 总装配图一张（A0 或 A1 图纸）
3. 低速轴工作图一张（A3 号图纸）
4. 低速齿轮工作图一张（A3 号图纸）
5. 箱座工作图一张（A1 图纸）
6. 箱盖工作图一张（A1 图纸）

开始日期______年______月______日

完成日期______年______月______日

图 16-1　任务书参考格式

16.2 设计题目

16.2.1 参考数据

1. 一级圆柱齿轮减速器设计参考数据

表 16-1　一级圆柱齿轮减速器设计原始数据（1）

设计参数 \ 题号	1	2	3	4	5	6	7	8	9	10
输送带工作拉力 F/kN	7	6.5	6	5.5	5.2	5	4.8	4.5	4.2	4
输送带工作速度 v/(m·s^{-1})	2.0	1.9	1.8	1.7	1.6	1.5	1.4	1.3	1.2	1.1
滚筒直径 D/mm	400	400	400	420	420	420	440	440	450	450
每日工作小时数/h	16	16	16	16	16	16	16	16	16	16
使用年限/年	8	8	8	8	8	10	10	10	10	10

注：空载起动，载荷平稳、传动可逆转，常温、工作场所多灰，连续工作，传动比误差为 ±4%。

表 16-2　一级圆柱齿轮减速器设计原始数据（2）

设计参数 \ 题号	1	2	3	4	5	6	7	8	9	10
输送功率 P/kW	3	3.5	4	4.5	4.8	5	5.3	5.5	6	6
输出轴转速 n/(r·min^{-1})	70	72	74	76	78	80	82	84	85	85
每日工作小时数/h	24	24	24	24	24	24	24	24	24	24
使用年限/年	8	8	8	8	8	8	8	8	8	8

注：连续单向传动，有轻微冲击，常温、工作场所灰尘较大，传动比误差为 ±5%。

2. 二级圆柱齿轮减速器参考数据

表 16-3　二级圆柱齿轮减速器设计原始数据（1）

设计参数 \ 题号	1	2	3	4	5	6	7	8	9	10
工作机输入转矩 T/(N·m)	800	850	900	950	800	850	900	800	850	900
输送带工作速度 v/(m·s^{-1})	1.2	1.25	1.3	1.35	1.4	1.45	1.2	1.3	1.35	1.4
滚筒直径 D/mm	300	320	340	360	380	400	420	350	380	400
每日工作小时数/h	16	16	16	16	16	16	16	16	16	16
使用年限/年	10	10	10	10	10	8	8	8	8	8

注：连续单向传动，有轻微冲击，常温、工作场所灰尘较大，传动比误差为 ±4%。

表 16-4　二级圆柱齿轮减速器设计原始数据（2）

设计参数 \ 题号	1	2	3	4	5	6	7	8	9	10
输送带工作拉力 F/kN	1.6	1.8	2.0	2.5	1.6	1.8	2.0	2.2	2.4	2.5
输送带工作速度 v/(m·s^{-1})	1.2	1.25	1.3	1.35	1.4	1.45	1.2	1.3	1.35	1.4
滚筒直径 D/mm	250	280	300	250	280	300	350	300	280	300
每日工作小时数/h	8	8	8	8	8	8	8	8	8	8
使用年限/年	10	10	10	10	10	8	8	8	8	8

注：连续单向传动，载荷平稳，常温、工作场所灰尘较大，传动比误差为 ±5%。

16.2.2 参考传动方案图

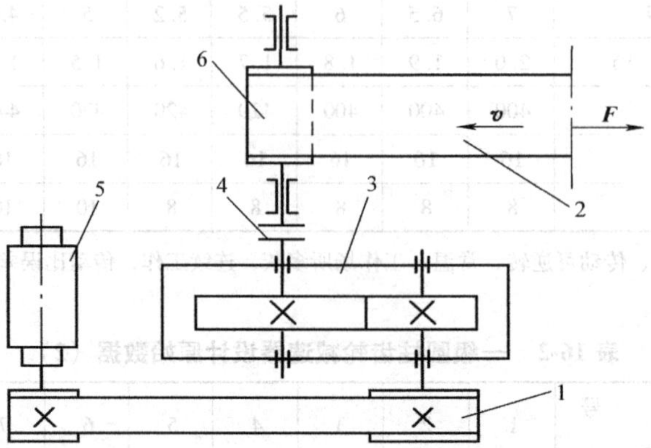

图 16-2 一级圆柱齿轮减速器传动示意图

1—V 带传动 2—运输带 3——级圆柱齿轮减速器

4—联轴器 5—电动机 6—卷筒

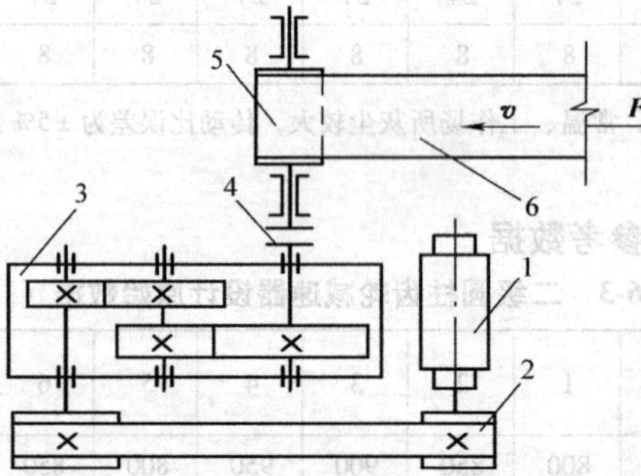

图 16-3 二级圆柱齿轮减速器传动示意图

1—电动机 2—V 带传动 3—二级圆柱齿轮减速器.

4—联轴器 5—卷筒 6—运输带

参 考 文 献

[1] 周元康. 机械设计课程设计 [M]. 重庆：重庆大学出版社，2004.
[2] 王大康. 机械设计课程设计 [M]. 北京：北京工业大学出版社，2004.
[3] 王之栎，王大康. 机械设计综合课程设计 [M]. 北京：机械工业出版社，2004.
[4] 吴宗泽，罗圣国. 机械设计课程设计手册 [M]. 北京：高等教育出版社，2002.
[5] 陈立新. 机械设计（基础）课程设计 [M]. 北京：中国电力出版社，2002.
[6] 王大康，卢颂峰. 机械设计课程设计 [M]. 北京：北京工业大学出版社，2000.
[7] 陈立德. 机械设计基础课程设计指导书 [M]. 北京：高等教育出版社，2004.
[8] 陈立德. 机械设计基础 [M]. 2 版. 北京：高等教育出版社，2004.
[9] 韩莉. 机械设计课程设计 [M]. 重庆：重庆大学出版社，2004.